战略性新兴领域"十四五"高等教育系列教材

仿生材料学基础

主　编　马云海

副主编　赵　骞　周雪莉

参　编　梁　嵩　李乐凯

机械工业出版社

本书较系统地介绍了材料学基础、复合材料基础、天然生物材料与医用生物材料、材料仿生设计方法等方面的基础理论与方法，并给出材料仿生设计实例，力求通过对上述领域所涉及的生物学、化学、材料学的有关知识进行较详细的阐述，使读者通过学习，全面了解材料学基础知识、复合材料特性、生物材料技术及材料的仿生设计方法，开拓知识面，为今后的学习和科研打下基础。

　　本书可作为普通高等院校仿生科学与工程专业的教材，也可作为材料学相关专业的参考教材，还可供从事相关研究的科研人员参考。

图书在版编目（CIP）数据

仿生材料学基础 / 马云海主编. -- 北京：机械工业出版社，2024.12. --（战略性新兴领域"十四五"高等教育系列教材）. -- ISBN 978-7-111-77604-8

Ⅰ. TB39

中国国家版本馆 CIP 数据核字第 2024PH6695 号

机械工业出版社（北京市百万庄大街 22 号　邮政编码 100037）
策划编辑：赵亚敏　　　　　　责任编辑：赵亚敏　冯春生
责任校对：贾海霞　张　薇　　封面设计：张　静
责任印制：李　昂
北京捷迅佳彩印刷有限公司印刷
2024 年 12 月第 1 版第 1 次印刷
184mm×260mm · 10.75 印张 · 259 千字
标准书号：ISBN 978-7-111-77604-8
定价：45.00 元

电话服务　　　　　　　　　　网络服务
客服电话：010-88361066　　　机　工　官　网：www.cmpbook.com
　　　　　010-88379833　　　机　工　官　博：weibo.com/cmp1952
　　　　　010-68326294　　　金　书　网：www.golden-book.com
封底无防伪标均为盗版　　机工教育服务网：www.cmpedu.com

前　言

随着现代材料表征测试手段及仿生学理论的发展，材料学及仿生学所覆盖的知识范围和内容日渐丰富，目前已有教材中的内容已无法满足本科生教学的要求，也不能全面反映学科的内容和发展趋势。目前的教学过程都是采用自行收集的一些资料和研究成果展开的。本教材正是在这种"三无"背景下编写而成的，即无相关专业、无相关课程、无相关教材。本教材基于材料、化学、生物等近代基础学科和现代工程测试技术科学，经结合多门学科编写而成。

本书的编写充分考虑新世纪高等教育改革的要求和仿生科学与工程、材料科学与工程专业人才培养规律，定位准确，脉络清晰，针对性强，在体现材料学、化学、生物学特点的基础上，集成新知识、新方法。本教材知识面宽、内容新、实用性强，可作为高等院校仿生科学与工程、材料科学与工程各专业必修或选修的专业基础课教材或教学参考书。

本书共6章，包括绪论、材料学基础、复合材料基础、天然生物材料与医用生物材料、材料仿生设计方法、材料仿生设计实例等内容，通过对交叉学科知识的学习，学生可建立多尺度仿生材料的设计思想，掌握材料的仿生设计方法。本教材的编写紧密结合高等工科院校的教学改革特点，以及对综合型工程人才的培养要求并利用多媒体辅助教学条件，在阐述材料仿生学基本内容的同时，吸收了当今材料研究和检测方法与技术的新成果，既有很强的学术价值，又有很强的实用价值。

本书内容力求"少而精"，既重视科学性、实用性，又充分考虑高等教育对人才培养的要求。其中对部分内容适当加深拓宽，有些问题通过综合实验、范例、习题启发学生独立思考，自学解决，课堂学时以32学时为宜，可根据专业需要适当取舍部分章节的内容，以较大幅度地节约课堂学时。

本书由吉林大学马云海担任主编，吉林大学赵骞、周雪莉担任副主编，吉林大学梁嵩、李乐凯参与了教材编写，具体编写分工为：绪论和第1、2章由马云海编写；第3章由马云海、李乐凯编写；第4章由梁嵩编写；第5章由周雪莉编写；第6章由赵骞编写；全书由马云海统稿。本教材被列入"战略性新兴领域'十四五'高等教育系列教材"，并在编写过程中得到了许多专家（尤其是吉林大学赵杰老师）的指导和帮助，在此表示衷心的感谢。

对于仿生材料学的研究正在深入开展，现代材料表征手段也日趋进步，本书涉及的研究内容具有较大的探索空间，仍需要在实践中不断完善。此外，由于编者水平有限，虽竭尽全力，但书中仍难免有错误与欠妥之处，敬请读者批评指正。

编　者

目　录

前言

第1章　绪论 ························· 1

第2章　材料学基础 ··········· 5

2.1　材料学基本概念与分类方法 ······· 5

2.1.1　材料学基本概念 ·········· 5

2.1.2　材料的分类方法 ·········· 6

2.2　材料微观组织结构 ············ 13

2.2.1　原子结构与键合 ········· 14

2.2.2　几何晶体学 ············· 16

2.2.3　纯金属的晶体结构 ······· 20

2.2.4　相结构及相图 ··········· 23

2.2.5　表面与界面 ············· 36

2.3　材料性能与材料的应用 ········ 38

2.4　材料的性能需求与失效形式 ····· 39

2.4.1　材料的性能需求 ········· 39

2.4.2　材料的失效形式 ········· 41

思考题 ······················· 43

第3章　复合材料基础 ········· 44

3.1　复合材料的基本概念与分类方法 ··· 44

3.1.1　复合材料的基本概念 ····· 44

3.1.2　复合材料的分类方法 ····· 48

3.2　复合材料的结构特征与性能 ····· 54

3.2.1　复合材料的结构特征 ····· 54

3.2.2　复合材料的性能特点 ····· 57

3.3　复合材料的加工生产方法 ······ 59

3.4　复合材料的设计方法 ·········· 61

3.5　复合材料的加工方法试验 ······ 63

3.6　复合材料的性能测试方法试验 ··· 66

思考题 ······················· 68

第4章　天然生物材料与医用生物

材料 ··················· 69

4.1　天然生物材料 ··············· 69

4.1.1　概论 ··················· 69

4.1.2　结构蛋白 ··············· 74

4.1.3　结构多糖 ··············· 80

4.1.4　糖蛋白 ················· 85

4.1.5　生物矿物 ··············· 87

4.2　生物医用材料 ··············· 94

4.2.1　生物医用材料的性能要求与安全

评价 ··················· 94

4.2.2　生物医用材料的种类 ····· 98

4.2.3　医用高分子材料 ········· 100

4.2.4　医用陶瓷材料 ··········· 101

4.2.5　医用金属材料 ··········· 101

4.2.6　医用复合材料 ··········· 102

4.2.7　医用生物衍生材料 ······· 103

思考题 ······················· 103

第5章　材料仿生设计方法 ······· 105

5.1　材料仿生设计基本理论 ········ 105

5.1.1　材料设计 ··············· 105

5.1.2　材料设计的研究范畴及方法

分类 ··················· 105

5.1.3　材料设计的主要途径 ····· 107

5.1.4　材料仿生设计 ··········· 107

5.2　材料增强仿生结构设计 ········ 108

5.2.1　刚柔异质材料耦合 ······· 109

5.2.2　多尺度增效 ············· 111

5.2.3　多孔结构 ··············· 113

5.2.4　其他结构 ··············· 114

5.3　材料功能仿生结构设计 ········ 116

5.3.1　植物的被动变形 ········· 116

5.3.2　动物的体表感受器 ······· 119

5.4　材料表面仿生结构设计 ········ 121

5.4.1　超疏水自洁功能 ········· 121

5.4.2　方向性集水 ············· 123

5.4.3　结构色 ················· 123

5.4.4　减阻 ··················· 125

5.5　材料仿生增强结构 ············ 126

5.5.1　生物模型分析 ··········· 126

5.5.2　增强机理分析 ··········· 128

5.5.3　仿生抗弯曲复合材料的设计与

目 录

制造 ……………………… 129

5.6 材料仿生表面结构 ……………… 131

5.6.1 红颈鸟翼凤蝶蝶翅集雾特性
分析 …………………… 131

5.6.2 仿蝴蝶集雾复合材料的设计
制备及其性能研究 ……… 132

5.6.3 仿生结构表面润湿特性及集雾
特性测试 ……………… 133

思考题 …………………………… 134

第6章 材料仿生设计实例………… 135

6.1 仿生结构材料 ………………… 135

6.2 仿生表面材料 ………………… 138

6.3 仿生摩擦材料 ………………… 143

6.3.1 木材模板法制成生物形态陶瓷 … 143

6.3.2 生物形态的陶瓷-金属复合
材料 …………………… 146

6.3.3 耐磨材料 …………………… 146

6.4 仿生驱动材料 ………………… 147

6.4.1 形状记忆材料 ……………… 147

6.4.2 智能高分子材料 …………… 150

6.5 仿生摩擦材料测试实验 ……… 151

6.6 仿生材料表面性能测试实验 … 154

思考题 …………………………… 160

参考文献 ………………………… 161

V

第1章

绪论

世界万物，凡于我有用者，皆谓之材料。材料是具有一定性能，可以用来制作器件、构件、工具、装置等物品的物质。材料存在于人们的周围，与人们的生活、生命息息相关。材料是人类文明、社会进步、科技发展的物质基础。

超乎一般人的认识，材料可能是对人类文明影响最根深蒂固的一类物质。交通运输、住房、穿衣、通信、娱乐和食品生产……实质上，人们日常生活中的每一部分都会在一定程度上受到这种或那种材料的影响。历史上，社会的进步和发展都与人类生产和掌握某种材料以满足自己的需要密切相关。事实上，早先的文明曾按照人类开发某种材料的能力来划分时代，如石器时代、青铜器时代等。

最早的人类所遇到的材料极为有限，通常是天然的土生土长的一些东西，如石头、木材、黏土、兽皮等。随着时代的发展，人类发现了生产材料的技术，这些人造的材料在性能上优于天然材料，这类新材料包括陶瓷和各种金属。后来人们发现通过热处理和加入其他物质可以改变这些材料的性能。从某种意义上说，材料的应用总是伴随着一种筛选过程，即从有限的材料中筛选出其特性最适用于特定场合使用的材料。直到近代，科学家们开始探索材料的结构组成与其性质之间的关系。在过去的 60 年里，人们所获得的各种知识在很大程度上已经改变了对许多材料的认识。迄今为止，已有成千上万种具有不同特性的材料被开发出来，以满足现代社会的需要，这些材料包括金属、塑料、玻璃和纤维。

自然界中存在的天然生物材料有着人工材料无可比拟的优越性能。迄今为止，再高明的材料科学家也做不出如具有高强度和高韧性的动物牙釉质、海洋中色彩斑斓且坚固又不被海水腐蚀的贝壳等类似的材料。地球上所有生物都是由一些简单且廉价的无机和有机材料通过组装而形成的。从材料化学的观点来看，由生物纤维到细胞、组织直至各种器官，自然界的生物仅仅利用极少的几种元素（主要是碳、氢、氧、氮等）组合，便能发挥出多种多样的功能，这实在令人叹服！仿生材料的研究是人类向自然学习的重要步骤，也是生物科学给材料科学大发展带来的机遇。

近 20 年来，化学和生物科学的一些原理、理论和技术（如分子自组装、天然生物材料的构效关系、酶催化反应原理、生物矿化理论、细胞工程技术、基因工程技术和微生物的新陈代谢原理等）逐步应用到材料科学的研究中。这种学科的交叉渗透，极大地丰富了材料

2

科学的内容，推动了材料科学的发展。

材料仿生包括模仿天然生物材料结构特征的结构仿生、模仿生物体中材料形成过程的过程仿生，以及模拟生物材料和系统功能的功能仿生。最近几年，由于细胞工程、基因工程和微生物学的发展和向材料科学的渗透，对细胞和基因的操作及微生物被应用到材料科学的研究中，更加显示了仿生材料广阔的发展前景。为了使广大读者能够系统、深入地了解仿生材料的基础知识、制备及性能测试理论、应用案例、发展前沿等，本书主要从以下五个方面展开。

1. 材料学基础

在一定时期，材料的发展水平左右着经济、政治、军事等活动，决定了历史的进程。在历史上，石器、青铜器、铁器等均成为一定时期的主导材料，后人将它们作为时代的标志。在近代，材料的种类极其繁多，各种新材料不断涌现，很难用一种材料来代表当今时代的特征。近三百年来，人类经历了两次世界范围内的产业革命，每次产业革命的成功都离不开新材料的开发。第一次产业革命的突破口是推广应用蒸汽机。瓦特发明了蒸汽机，但只有在开发了铁和铜等新材料以后，蒸汽机才得以使用并逐步推广。第二次产业革命一直延续到20世纪中叶，以石油开发和新能源广泛使用为突破口，大力发展飞机、汽车和其他工业，支持这个时期产业革命的仍然是新材料的开发。例如，合金钢、铝合金及各种非金属材料的发展，镍基超级合金的出现，将金属材料的使用温度由700℃提高到900℃，使飞机能够以超声速飞行；高温合金可在1093℃以上工作；导体材料的发展，把人类带入了信息时代。如今人类正面临着以电子信息、材料、航空航天、生物工程、海洋开发、石油化工、原子能等工业为主体，具有更高水平且异常深刻的产业革命，新材料的作用更加明显。

目前，材料科学与工程主要从以下四个方面进行研究：

（1）新工艺、新技术和新合成方法的探索　通过工艺的创新，利用诸如超高温、超高压、强磁场等极端条件，使物质结构发生巨大变化，使材料出现新的性能。

（2）成分、结构与性能的研究　将宏观力学与微观力学有效地结合，对材料的力学行为进行全面而深入的探索。

（3）分析与表征材料仪器设备的迅速发展　相关仪器设备的发展为材料结构、成分和性质的表征，以及使用性能的分析提供了重要的保障。

（4）材料微观层次、显微层次及宏观层次的分析与建模　随着理论上对材料性质的认识和精确的数字仿真技术的提高，材料科学已经发展为一门真正的定量科学。

21世纪，以微型计算机、多媒体和网络技术为代表的通信产业，以基因工程、克隆技术为代表的生物技术，以核能、风能、太阳能、潮汐能为代表的新能源技术，以探索太空为代表的宇航技术，以及人类持续发展所需的环境工程，都对材料提出了更新、更高的要求，复合化、功能化、智能化、低维化将成为材料开发的目标。例如，智能化材料是一类对外界刺激（应力集中、电、磁、热和光等）能够感知、检测并做出响应的材料。智能化材料可以分为两大类：一类称为补强型智能材料，即材料能对外界刺激引起的破坏作用做出响应，向补强方向变化；另一类是降解型智能材料，即材料废弃后迅速分解还原为初始材料，向易于再生方向变化。智能化材料的研究始于20世纪40年代，代表了未来材料开发的方向。

2. 复合材料基础

关于复合材料的定义，有研究者认为，复合材料就是由两种或两种以上单一材料构成的，具有一些新性能的材料。国际标准化组织（International Organization for Standardization，ISO）为其所下的定义是：由两种或两种以上物理和化学性质不同的物质组合而成的一种多相固体材料。复合材料的组分材料虽然保持其相对独立性，但复合材料的性能却不是组分材料性能的简单加和，而是有重要的改性。

近几十年来，复合材料发展非常迅速。鉴于复合材料学科涉及的内容和种类繁多，为方便读者较全面地学习复合材料的基础知识，掌握复合材料的主要内容，本书在第3章首先介绍了复合材料的定义及分类方法，在此基础上阐述了复合材料的结构特征和性能；然后介绍了复合材料的加工生产方法、设计方法和加工方法试验；最后介绍了复合材料的性能测试方法。

3. 天然生物材料与医用生物材料

天然生物材料是由生物过程形成的材料，如结构蛋白（胶原蛋白、蚕丝、蜘蛛丝等）、结构多糖（几丁质、纤维素等）和生物矿物（骨、牙、贝壳等）。这一概念对应英文中的 Biological Material 或者 Natural Biological Material。医用生物材料是用来对生物体进行诊断、治疗、修复或替换其病损组织、器官或增进其功能的材料。这一概念对应英文中的 Biomaterial 或者 Biomedical Material。尽管部分天然生物材料是生物医用材料的优良原料，但是这两个概念并不相同，Biological Material 和 Biomaterial 两个含义并不相同的英语词汇容易混淆，也引起在中文文献中天然生物材料和医用生物材料都被称作"生物材料"的现象。

利用受生物启发的合成路径和源于自然的仿生原理设计形貌、结构可控的功能材料，研究其所具有的独特性能，已成为生命、化学、材料和物理等学科中一个活跃的前沿领域。生物材料学研究的主要目的是在分析天然生物材料自组装、生物功能及形成机制的基础上，发展新型医用材料，以用于人体组织器官的修复与替代，并且发展仿生高性能工程材料。生物材料学涉及生物材料的组成结构、性能与制备之间的相互关系和规律，其研究开发正以空前的规模飞速发展。之所以如此，原因在于其强大的推动力：一是可挽救成千上万人宝贵的生命，二是可以大大提高人的生活质量。从这个意义上来说，生物材料学的发展对人类生命和健康具有重要意义。

生物材料学的内容丰富多彩，所涉及的学科也繁多广阔。学科相互渗透、交叉融合已是现代科学发展的一个重要特点，也是科学技术蓬勃发展的生命力之所在。生物材料学已成为生命科学和材料科学的交叉前沿科学。生物材料学与化学、生物医学、药学、物理、纳米技术及其他学科也有密切的关系。生物材料是多个新兴研究方向的基础，如组织工程、再生医学、药物缓释、生物传感器和人工器官等。实际使用的生物医用材料种类繁多。一种新型生物医用材料从需求被发现，到开发、制造和植入的过程，要涉及诸多学科，如材料科学、医学、力学、生物学、生物工程学、管理科学等。因此，生物材料学专家应对设计生物材料的基本原理有很好的掌握和理解。这不但包括传统的材料科学的理论与实践，还包括材料被植入人体后所发生的复杂的相互作用机制和成功经验。因此，本书第4章旨在为具有工程学科背景的读者补充涉及生物材料的生物学基础知识，同时为具有生物医学学科背景的读者补充涉及生物材料的材料学基础知识。在此基础上，介绍生物材料学特有的学科知识。

4. 材料仿生设计实例

进入21世纪以来，人类的科学研究正逐步强调从无机的周围世界转向包括自身的生命现象中去。经过亿万年的进化，生物不仅适应自然而且进化程度接近完善，它的一些奇妙的

4

功能也远远超过人类自身先前的设计，并成为解决疑难工程问题的答案。人们试图模仿动物和植物的结构、形态、功能和行为或者从中得到启发来解决所面临的技术问题，这就是仿生学的思想。这一思想就是在生物学和技术之间架起一座桥梁，通过再现生命现象的原理，找到解决问题的途径和方案。

天然生物材料种类繁多，虽然它们的基本组成物质都是糖和蛋白质等有机物，以及矿物质和水等无机物，但却形成了组织和形态各异、性质和功能截然不同的生物材料，它们蕴藏着许多尚未被认识的特性和机制，是我们学习和仿制的知识宝库，人们正在试图了解更多天然生物材料的奥秘，期待将从其获得的信息和启示应用到工程材料的仿生设计和制备中。本书在介绍了复合材料与天然生物材料基本知识的基础上，以天然生物材料作为材料仿生研究的对象，并在探索和开发新型仿生材料中得到应用，重点针对部分仿生结构材料、仿生表面材料、仿生摩擦材料、仿生驱动材料设计实例进行介绍。

5. 材料仿生设计方法

仿生学是研究生物系统的结构、形状、原理、行为及其相互作用，从而为工程技术提供新的设计思想、工作原理和系统构成的技术科学，是一门生命科学、物质科学、信息科学、脑与认知科学、工程技术、数学与力学及系统科学等学科的交叉学科。在生命、物质和信息等科学快速发展的今天，仿生学将为我国科学技术创新提供新思路、新原理和新理论。仿生材料是指模仿生物的特点和特性而开发的材料。通常把仿照生命系统的运行模式和生物材料的结构规律而设计制造的人工材料称为仿生材料。仿生材料学是仿生学在材料科学中的分支，它是指从分子水平研究生物材料的结构特点、构效关系，进而研发出类似或优于原生物材料的一门新兴学科，是化学、材料学、生物学、物理学等学科的交叉。天然生物材料，如贝壳、蚕丝、骨骼、肌肉等都是经历了亿万年的进化，在细胞参与下形成的。这些天然生物材料的基本组成单元很平常，但往往具有适应其环境及功能需要的复杂超结构组装，其表现出的优异强韧性、功能适应性及损伤愈合能力，是传统人工合成材料无法比拟的。例如，甲壳虫可以将糖及蛋白质转化为质轻然而强度很高的坚硬外壳；蜘蛛吐出的水溶蛋白质在常温常压下竟成不可溶的丝，而丝的强度却比防弹背心材料还要坚硬；鲍鱼利用人们通常认为用途不大、极简单的物质如海水中的白垩结晶，形成强度两倍于高级陶瓷的贝壳生物，其精确程度与巧妙令科学家叹为观止，并使人们从中得到启迪。

生物技术、信息技术与新材料技术构成了现代科学技术的三大支柱，其中新材料技术是当代高新技术的基础，也是现代工业的基石。因此，对材料研究、开发及性能的要求日益提高。然而长期以来，材料研究主要采用"炒菜筛选法"或"试错法"，这些方法通常都要靠大量实验来完成，既浪费人力、物力，又延长了设计周期。伴随着科技的进步，一些新型试验设备与手段的涌现及分子动力学与计算机模拟的发展，为材料设计提供了理论依据和强有力的技术支持。

第 2 章
材料学基础

材料是构成人们生活世界的物质基础。无论是宏伟的建筑、先进的交通工具，还是精密的电子设备、高效的能源存储装置，都离不开各种高性能材料的支撑。通过学习材料学基础，读者将了解到不同材料的特性和用途，掌握材料的失效形式，为未来在工程、科学研究等领域的发展奠定坚实的基础。本章将从材料的基本概念入手，逐步深入到材料的微观结构（包括原子结构与键合、几何晶体学、纯金属的晶体结构、相结构及相图、表面与界面等）与性能之间的关系，从而对材料学的基础知识进行深入、系统的学习。

2.1 材料学基本概念与分类方法

材料科学的基础是固体物理、物理化学和化学等学科。这些基础学科的发展，使人们对材料组织、结构的认识逐步深入，对材料的化学成分和加工过程与其组织结构和性能之间的关系逐步明确，从而得以不断地开发新材料和改善材料的使用性能。反之，新材料和新技术的开发又使与之有关的理论不断深化、知识日益丰富，最终形成独立的材料科学。

2.1.1 材料学基本概念

材料科学的研究内容，概括地讲，就是研究材料的化学成分、组织结构、合成加工、性质与使用性能之间关系的科学。这四个方面构成了材料学的基础。人们把化学成分、组织结构、合成加工与性能称为材料科学的四要素（材料科学四面体），如图 2-1 所示，即结构（微观结构，有时也与宏观结构有关）、成分（化学组成）、性能（物理性能、化学性能和使用性能）、加工工艺四者之间的关系。其中，组织结构是核心，性能是研究

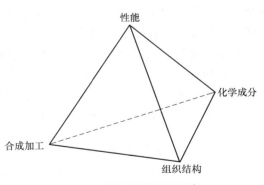

图 2-1　材料科学的四要素

工作的落脚点。

所谓材料的结构，一般是指微观结构，是指材料的组元及其排列和运动方式，它包括形貌、化学成分、相组成、宏观组织、显微组织、晶体结构、原子结构等。原子结构和晶体结构是研究材料特性的两个最基本的物质层次。多晶体的微观形貌、晶体学结构的取向、晶界、相界面、亚晶界、位错、层错、孪晶、固溶和析出、偏析和夹杂、有序化等均称为显微结构。

材料学是研究材料的组成与结构、合成与制备工艺、材料性质、使用性能之间相互关系的学科，是材料设计、制造、工艺、优化和合理使用的理论依据。材料学侧重于材料的显微结构层次，在相结构、组织结构乃至宏观结构层次上研究上述四要素之间的相互关系及制约规律。在此层次上探讨材料的结构描述、性质表征等科学问题，能够更真实地再现材料的结构、性质和使用性能之间的相互关系。

材料科学遵循的规律和原则是结构决定性能。这是材料科学的基本物理原理，它已经成为材料研究的一个重要依据。四面体中，实质上只有微观结构才能决定宏观性能，合成加工和化学成分首先是通过改变材料的结构才能对性能产生影响。不同的合成加工工艺可能形成不同的组织结构，也可能形成相同的结构；不同的化学成分一般会形成不同的微观组织结构。一旦组织结构相同或相近，无论工艺或化学组成差异有多大，都会表现出相同或相近的宏观性能。一般来讲，化学组成极大地影响材料的组织结构，但也有极少的例外，如 C 和BN 化学组成差异很大，但却有惊人的相似的层状和架状的同素异形体结构，其性能（层状的润滑性、架状的硬度等）也惊人的相似。

因此，材料科学四要素，实质上不是四面体关系。图中的四点，组织结构是核心，性能是目标。而通常所说的四面体关系仅仅是人们对四要素关系的直观认识，也是一种非常方便的研究模式（多数情况下直接研究微观结构非常困难，有时为简便起见，可绕开组织结构，从化学成分和合成加工角度研究其对材料性能的影响）。

上述四个方面中，使用性能是研究的出发点和目标。对使用性能的评价随场合而定，制造构件使用的结构材料，首先必须能在给定的工作条件下稳定、可靠地长期服役，对其使用性能的评价主要是服役寿命；用于功能元件的功能材料，首先需要具备特定的功能，在光、电、热、磁、力的作用下，迅速准确地发生应有的响应或反应，其使用性能的评价指标主要是反映的灵敏程度和稳定性。使用性能表现为综合性能，它主要取决于材料的力学性质、物理性质和化学性质，通过测定各种与使用性能相关的力学性能指标、物理学参量和材料在各种化学介质中的化学行为，可以间接测量材料的使用性能。结构材料的使用性能主要由它们的强度、硬度、伸长率、弹性模量等力学性能指标衡量，功能材料的使用性能主要由相关的物理学参量衡量。正因为如此，在材料学领域中，力学性质、物理性质、化学性质已成为主要的研究项目，这些性质与材料的使用性能合为一体。一方面，材料的化学成分和组织结构是影响材料各种性能的直接因素，材料的加工过程则通过改变其成分和结构影响材料的性能；另一方面，改变化学成分又会改变材料的组织结构，从而影响其性质。

2.1.2　材料的分类方法

分类问题在科学技术的研究中至关重要，许多新的发现、发明和新的理论都是在分类的过程中有了新认识的基础上产生的。材料的种类繁多、发展迅速，材料的分类方法也各不相同。人们主要从材料的基本组成、性质特征、存在的状态、物理性质、物理效应、用途等方面对材料进行分类。

1. 按照材料的化学组成进行分类

按照材料的化学组成，材料可以分为金属材料、无机非金属材料、高分子材料、复合材料四类。

（1）金属材料　金属材料是以金属元素或以金属元素为主而构成的并具有一般金属特性的材料。它是现代工业、农业、国防及科学技术的重要物质基础，各种机器和设备都需要使用大量的金属材料。在石油、化工、水利、电力、电子、热工、国防等领域，以及人们的日常生活中，到处可见金属材料。金属材料学是研究金属材料的成分、组织结构和性能之间关系的科学。金属的性能是由其化学成分和组织结构所决定的，并与生产工艺密切相关。

金属材料是指由化学元素周期表中的金属元素组成的材料，可以分为由一种金属元素构成的单质（纯金属），以及由两种或两种以上的金属元素或非金属元素构成的合金。金属（或金属材料）通常分为黑色金属和有色金属两大类：①黑色金属包括铁（Fe）、锰（Mn）、铬（Cr）及其合金，工业中应用最多的是钢和铸铁，占整个结构和工具材料的80%以上；②除黑色金属以外的其他金属称为有色金属，如铜、铝、钛及其合金等。其中，根据钢的碳含量，碳素钢可以分为低碳钢（$w_C < 0.25\%$）、中碳钢（$w_C = 0.25\% \sim 0.60\%$）、高碳钢（$w_C > 0.60\%$）。

生铁和钢的区别可从表 2-1 中看出。由于钢具有很好的物理化学性能与力学性能，可以进行拉、压、轧、冲、拔等深加工，因此钢比生铁的用途广泛。除占生铁总量极少部分的铸造生铁用于生产铁铸件外，绝大部分的生铁要进一步冶炼成钢，以满足国民经济各部门的需要。钢与生铁都是以铁元素为主，并含有少量碳、硅、锰、磷、硫等元素的铁碳合金。根据碳和其他元素含量的不同，分为钢和生铁，特别是碳含量的多少会引起铁碳合金在不同温度下所处的状态和结构的变化，因而使钢和生铁具有不同的性能和用途。一般来说，碳的质量分数高于2%的铁碳合金为生铁，碳的质量分数低于2%的为钢。生铁碳含量较高，其性质硬而脆，不能锻造。它主要用于铸造电动机外壳、变速器壳体、机床床体与支架及其他机械零件等。在世界各国的生铁产量中，大部分是作为炼钢原料，进一步精炼成钢，而只有10%左右用于铸造各种部件和零件。钢具有比生铁更好的综合力学性能，如有较高的机械强度和韧性，可塑性好；易加工成各种形状的钢材和制品，能铸造、轧制、锻造和焊接；具有良好的导电、导热性能。若在钢中添加一些合金元素，则可得到特殊性能的钢种，如不锈钢、耐热钢、耐酸钢等。若对钢进行热处理，可在很大范围内改变同一成分钢的性能，如两块碳的质量分数为0.8%的钢，其中一块加热至770℃，在炉内进行缓慢冷却（退火），得到硬度和强度较低的钢；另一块同样加热至770℃，然后放入水中急冷（淬火），其硬度和强度可比前者高3~4倍。

表 2-1　生铁和钢的区别

名称	碳含量(质量分数,%)	熔点/℃	特性
生铁	2.0~4.5	1100~1200	脆而硬,无韧性,不能锻轧,铸造性能好
钢	<2.0(工业上使用的钢中,一般 $w_C < 1.4\%$)	1450~1500	强度高,塑性好,韧性大,可以锻、压、铸

钛合金是以钛为基的合金的总称。如 $TiAl_6V_4$、$TiAl_5Fe_{2.5}$、$TiAl_5Sn_{2.5}$ 等，按相组成可分为 α、β、α-β 钛合金，有极优良的物理、化学和力学性能，表现在熔点高、密度小（$4.5g/cm^3$ 左右）、抗拉强度（可达 $180kg/mm^2$）和疲劳强度大，有良好的韧性、耐高温性和耐蚀性，并且储量丰富（地壳丰度为 0.6%）。钛合金可用于制造高强度、耐高温、耐腐蚀的管件和容器，在航空航天领域也被广泛应用，如某战斗机的用钛量可达飞机总重的90%以上。钛合金也可用于制造医疗器件。

铝是一种银白色轻金属，有良好的延展性、导电性和导热性；铝能很好地反射紫外线、防核辐射；铝的密度小，符合轻量化发展的要求；铝表面可自然形成致密的氧化膜，使其具有良好的耐蚀性；铝的回收成本低，是一种可持续发展的有色金属。在纯铝中加入其他金属或非金属元素，能配制成各种可供压力加工或铸造用铝合金。铝合金的比强度（抗拉强度/密度）远比灰铸铁、铜合金和球墨铸铁的高，仅次于镁合金、钛合金和高合金钢。铝及铝合金的这些优点，使其获得了越来越广泛的应用。

（2）无机非金属材料　无机非金属材料是指以某些元素的氧化物、碳化物、氮化物、卤素化合物、硼化物，以及硅酸盐、铝酸盐、磷酸盐、硼酸盐等物质组成的材料；是一种或多种金属元素与一种非金属元素（如 O、C、N 等，通常为 O）组成的化合物，主要为金属氧化物和金属非氧化合物，不含 C—H—O 键。其中，尺寸较大的氧原子为主体，尺寸较小的金属原子（或半金属原子，如 Si 等）处于氧原子之间的空隙中，氧原子与金属化合时，形成很强的离子键，同时也存在一定成分的共价键，但离子键是主要的。也有一些特殊的陶瓷，如 SiC 等，以共价键为主。无机非金属材料品种极其繁多，用途各异，还没有一个统一而完善的分类方法，通常分为普通的（传统的）和先进的（新型的）无机非金属材料两大类。

传统的无机非金属材料是工业和基本建设所必需的基础材料，如水泥、耐火材料、陶瓷、玻璃等，它们生产历史较长，产量大，用途广。其他产品，如搪瓷、磨料、铸石、炭素材料、天然矿物材料等，也都属于传统的无机非金属材料。新型的无机非金属材料是指 20世纪中期以后发展起来的、具有特殊性能与用途的材料，它们是现代新技术、新兴产业和传统工业技术改造的物质基础，也是发展现代国防和生物医学所不可缺少的。新型的无机非金属材料主要有先进陶瓷、非晶态材料、人工晶体、无机涂层、无机纤维等。

天然矿物材料是指那些只经过简单的物理加工或经过表面化学处理就能被当作材料使用的天然矿物或岩石。一般不包括用于制作玻璃、水泥、陶瓷、耐火材料、铸石或岩棉等的原料和无机化工原料。

玻璃是由熔融体经冷却、固化而成的非晶态固体（在特定条件下，也可能成为晶态）。广义的玻璃包括单质玻璃、有机玻璃和无机玻璃，狭义上仅指无机玻璃。工业上大规模生产的是以 SiO_2 为主要成分的硅酸盐玻璃，此外还有以 B_2O_3、P_2O_5、PbO、Al_2O_3、GeO_2、TeO_2、TiO_2 和 V_2O_5 为主要成分的氧化物玻璃，以硫化物（如 As_2S）或卤化物（如 BeF_2）为主的非氧化物玻璃，以及由某些合金形成的金属玻璃（如 Au、Si）等。除惰性气体外，几乎所有的元素均可引入或掺入玻璃。玻璃具有一系列非常可贵的特性，如透明、坚硬，良好的耐蚀、耐热性及电学、光学性质，能满足不同的使用要求。特别是制造玻璃的原料丰富，价格低廉，使玻璃有了极其广泛的应用，在国民经济中起着十分重要的作用。玻璃的分类方法很多，常见的有按组成分类、按应用分类及按性能分类等方法。按组成分类是一种较严密的分类方法，从名称上就直接反映了玻璃的主要组成，从而可对该玻璃的一些主要特点和结构、性质等有初步概念。按组成分类通常分成元素玻璃（如硫玻璃、硒玻璃等）、氧化物玻璃（如 $Na_2O\text{-}CaO\text{-}SiO_2$，即钠钙硅酸盐玻璃；$B_2O_3\text{-}Al_2O_3\text{-}SiO_2$，即硼铝硅酸盐玻璃等）及非氧化物玻璃（如卤化物玻璃、硫族化合物玻璃等）三类。其中以氧化物玻璃在实际应用和理论研究上最为重要。

陶瓷是以无机非金属天然矿物或化工产品为原料，经原料处理、成型、干燥、烧成等工序制成的产品。陶瓷是人类生活和生产中不可缺少的一种材料。陶瓷产品的应用范围遍及国民经济各个领域。它的生产、发展经历了由简单到复杂、由粗糙到精细、从无釉到施釉、从低温到高温的过程。随着生产力的发展和技术水平的提高，各个历史阶段赋予陶瓷的含义和范围也发生了变化。传统的陶瓷产品，如日用陶瓷、建筑陶瓷、电瓷等，是由黏土及其他天然矿物原料经过粉碎加工、成型、煅烧等过程而得到的，科学技术的进步要求充分利用陶瓷材料的物理与化学性质，因而制成了许多新型品种，使得陶瓷从古老的工艺进入到现代科学技术的行列中。这些陶瓷新品种，如氧化物陶瓷、压电陶瓷、金属陶瓷等，常称为特种陶瓷。它们的生产过程虽然基本上还是原料处理—成型—煅烧这种传统方式，但采用的原料已扩大到化工原料和合成矿物，组成范围也延伸到无机非金属材料的范畴中。据此，可以认为，凡用传统的陶瓷生产方法制成的无机多晶产品，均属陶瓷之列。从产品的种类来说，陶瓷是陶器与瓷器两大类产品的总称。陶器通常有一定吸水率，断面粗糙无光，不透明，敲之声音粗哑，有的无釉，有的施釉。瓷器的坯体致密，基本上不吸水，有一定的半透明性，通常都施有釉层（某些特种瓷并不施釉，甚至颜色不白，但烧结程度仍是高的）。介于陶器与瓷器之间的一类产品，胚体较致密，吸水率也小，颜色有深有浅，但缺乏透明性，这类产品国外通称炻器，也有的称为半瓷，我国常称为原始瓷器，或称为石胎瓷。随着生产与科学技术的发展，陶瓷产品种类日益增多。为了便于掌握各种产品的特征，通常从不同角度加以分类。例如，根据其基本物理性能（气孔率、透明性、色泽等）分类，根据所用原料或产品的组成分类，或根据用途来分类等。但国际上至今尚无统一的分类方法。习惯上，按技术要求的高低分为普通陶瓷和特种陶瓷。

纤维材料指的是一种细长而比较柔软的物质，其长度和直径之比大于 100，供纺丝用的纤维其长径比则通常为 100∶1。大约在 1 万年前，人类已经把麻类、兽毛等纤维用手工纺纱进行织布，它们是人类最早使用的纤维。19 世纪中叶，人们利用植物纤维经硝化处理，发明了制造人造纤维丝的方法，1884 年，法国获得了这项专利并最早实现了工业化生产。1938 年，美国杜邦公司发明了合成纤维，并于次年开始工业化生产。化学纤维的出现，尤其是合成纤维的诞生，不仅使传统的纺织工业发生了革命性的变化，而且使纤维在应用上已经大大超出了纺织工业的范围，扩展到了航空航天、交通运输、医疗、国防、水产、通信、建筑、建材等许多国民经济重要部门。纤维材料的发展为复合材料的发展奠定了坚实的基础，绝大多数复合材料的生产都离不开纤维材料。纤维材料种类繁多，分类方法也有多种，常见的为：①按原料分为天然纤维和化学纤维；②按化学组成分为无机纤维和有机纤维，前者又可分为金属和非金属两类；③按应用范围分为纺织纤维、医用纤维等；④按纤维的形态可分为连续纤维、短纤维和晶须。连续纤维是指机械控制的长度可无限拉伸的纤维；短纤维是用气流喷吹法或离心成纤法制得的长度有限的纤维，通常聚集为棉絮状；晶须是指直径从小于 1μm 到几十微米、长度为直径数百倍的针状单晶材料。在无机非金属纤维材料中，石棉是唯一的天然纤维，由于它具有良好的物理、力学性能，可制成防火材料、隔热材料、摩擦材料、建筑材料和增强塑料等制品，已获得广泛应用。现发现它对人体有致癌作用，已在某些工业发达国家被禁用或限制使用。人造无机非金属纤维材料发展迅速，其品种多、应用广。随着技术的发展，高硅氧玻璃纤维、石英纤维、碳纤维、石墨纤维、碳化硅纤维、硼纤维、氧化铝纤维、光学纤维等一批具有高强度、高弹性模量、耐高温及其他特殊性能的新型无机非金属纤维相继出现，从而推动了先进复合材料、信息技术、高温绝热，以及超导、静电屏蔽等高新技术的发展。玻璃棉、陶瓷棉、岩棉、矿渣棉等各种短纤维及制品，以其重量轻、隔热性能和化学稳定性好、易加工性等优异性能，已大量地应用于工业设备和管道的保温、保冷，建筑物的隔热、吸声等领域。一些特殊的短纤维制品还用于蓄电池隔离片、空气净化、催化剂载体、核电站隔热等。碳化硅晶须、氮化硅晶须和硼化铝晶须等具有高强度、高弹性模量、耐高温等特点，是陶瓷基先进复合材料的重要补强剂。

（3）高分子材料　高分子材料是由高分子化合物为主，辅以各种添加剂和填料等物质经加工而形成的一种材料。以研究高分子化合物而建立起的高分子科学与高分子材料科学是紧密相连的。高分子材料科学主要包括高分子化学、高分子物理和高分子工程学。其研究的主要范围是高分子化合物的合成与改性、高分子化合物的结构与性能、高分子化合物的成型与应用。高分子材料科学是一门年轻而新兴的学科，它的发展要求科学和工程最紧密的配合，它的进步还需要跨部门、多学科最佳的协调和共同参与。

早在高分子科学建立之前，许多天然高分子化合物如木材、棉花、麻毛、生漆、天然橡胶、皮革等就被人类当作材料在使用。例如，南美洲亚马孙河流域的土著人，首先使用了森林中橡树的树汁——天然乳胶，取名为"橡胶"。因此，在印第安语中，"橡胶"一词的含义是"木头的眼泪"。1832 年，德国的 F. Luedersdorf 用松节油和硫黄与乳胶共煮，获得硫化橡胶，具有弹性，曾用作英国女王御用车车轮的包覆材料。另一方面，人们也曾无意或有意地合成了一些高分子化合物，如酚醛树脂、聚氯乙烯等。值得一提的是，早在 19 世纪，有些科学家就预见了高分子化合物存在的可能及它们与生命的关系。1877 年，波恩大学校长 F. A. Kekule 认为，碳原子能形成长分子链，氢、氧和氮等原子可能挂在长分子链上。他甚至在就职演说中设想，与生命直接联系的天然有机化合物如蛋白质、淀粉、纤维素等也可能具有极长的链。高分子科学作为一门独立的科学而诞生，应归功于德国富有独创精神的年轻化学家 H. Staudinger。1920 年，他在论文《论聚合反应》中提出了分子链设想，创立了大分子概念。论文中提出的聚苯乙烯（PS）、聚甲醛（POM）和天然橡胶（NR）线型长链分子结构式，和今天用先进仪器表征的这些聚合物的分子结构式几乎相同。1953 年，他成为高分子科学界第一位诺贝尔奖获得者。从 20 世纪 50 年代开始，高分子科学进入与其他学科相互渗透的阶段。高分子化学、高分子物理、高分子工艺等分学科已完整建立，高分子科学体系已经形成。这期间公认的杰出科学工作者有：W. H. Carothers、K. Ziegler、G. Natta、P. J. Flor，以及我国的唐敖庆、钱人元等。高分子材料工业在这期间也得到了飞速发展。自此以后，高分子科学进入深化阶段。目前，高分子科学正面临着新的飞跃和新范式（Paradigm）的形成。这意味着高分子科学理论体系的系统化将进入聚合工程、分子设计和生物高分子迅速发展的新阶段。

天然高分子材料主要包括木材、天然纤维、天然橡胶、天然树脂。

从其微观结构来看，木材由无数管状细胞紧密结合而成。每个细胞分为细胞壁和细胞腔两个部分。细胞壁主要由细纤维组成。细纤维则由纤维素、木质素、半纤维素和少量的脂肪、树脂、蛋白质、挥发性油、无机化合物组成。由此可知，一般液体对木材的影响很小，木材能耐弱酸和弱碱，不耐强酸和强碱。木材吸水性很大，这是由于纤维素中含有大量的亲水基团——羟基基团所致。新木材含水率达35%以上，风干木材含水率为15%～25%。木材是非均质材料，性质为各向异性，不同方向的力学性能是不同的。纤维素和木质素都是腐朽菌的"粮食"，它们会使木材腐朽而被破坏。为此，木材在使用前均应采取干燥和防腐措施。木材易燃烧。

天然纤维来源于动物、植物和矿物。其主要品种有棉花、亚麻、黄麻、大麻、蚕丝、羊毛、驼毛、石棉等。除石棉为矿物组成外，其他天然纤维都由两类最普通的天然有机聚合物即蛋白质和纤维素组成。

天然橡胶是从橡胶类的树汁中提炼出的一种天然高分子材料。其主要化学组成为聚异戊二烯，且顺式1,4-聚异戊二烯的质量分数大于99%，反式1,4-聚异戊二烯的质量分数小于1%。正是由于这种组成，它具有优异的弹性。天然橡胶至今仍在橡胶领域中占据重要地位。现在，尽管出现了许多合成橡胶，且某些性能已超过天然橡胶，但就全面的、综合的性能而言，天然橡胶仍无可取代。天然橡胶最主要的用途是制造轮胎，其次还可用来制造橡胶带、橡胶管等。

合成高分子材料主要包括合成树脂（塑料）、合成橡胶和合成纤维，通常称为"三大合成材料"。塑料与混凝土、钢铁、木材并称为四大工业材料，其中塑料生产增长率雄居首位。按体积产量计，美国的塑料在四大材料中已超过钢铁，名列第二，仅次于混凝土。塑料在三大合成材料中约占总产量的75%以上，是合成高分子材料中的主要组成部分。目前，已工业化生产的塑料品种有300多种，常用的为60多种，品牌、规格则数以万计。其应用最多的有五大部门：包装业（占塑料总量的25%～33%），建筑业（20%），电器、家电、电子等工业的配件（20%），日用品工业（15%），交通运输业（10%）。塑料大致可分为通用塑料、工程塑料和特种塑料。其中，通用塑料产量几乎占到世界塑料总产量的97%左右。若按受热性能来分，有热塑性塑料和热固性塑料两大类。

合成橡胶大约有30多种。从需要量来看，橡胶的总消耗量约85%集中在聚异戊二烯橡胶（包括天然和合成）、聚丁二烯橡胶、丁苯橡胶；总消耗量的约14%为丁基橡胶、氯丁橡胶、乙丙橡胶和丁腈橡胶；其他各种橡胶，如氟橡胶、硅橡胶等仅占总消耗量的约1.5%。合成橡胶的最主要用途是制造各种轮胎。此外，还用于制造管材、垫片、密封件、滚筒等。

纤维可分成天然纤维和人造纤维两大类。天然纤维来源于植物、动物和矿物。人造纤维是指由天然聚合物、合成聚合物及无机物制成的纤维。由合成聚合物制成的纤维称为合成纤维，又称为化学纤维。合成纤维是高分子材料最重要的应用形式之一。它有两大主要用途：民用纤维和产业用纤维。民用纤维主要制作衣料等生活用品，要求合成纤维在舒适性、安全性（阻燃）、方便性（防污、易洗涤）、耐久性、保温隔热性、吸音性等方面不断提高。产业用纤维，要求合成纤维在耐高温、高强度、高模量、高屈挠性和节能性等方面不断提高。

（4）复合材料 复合材料是由两种或两种以上物理和化学性质不同的材料，通过复合工艺组合而成的新材料。新的复合材料既能保留原组成材料的主要特征，并通过复合效应获得原组分材料所不具备的新性能，又可以通过材料设计使各组分的性能互相补充并彼此关联，从而获得更优越的性能。它与一般材料的简单混合使用有本质区别。复合材料在性能上是可以设计的材料，它可以通过选择组成材料、确定组成材料的比例和分布规律、选择复合工艺等手段来调节复合材料在各方面的性能，使之尽可能满足使用要求。

在复合材料中，纤维增强复合材料是发展最早、结构工程技术人员最有兴趣的复合材料之一。纤维增强复合材料是由连续的基体材料和分散在其中的一种或几种纤维材料所组成的。这些组分材料在化学成分、性能及尺寸形状方面通常是不同的。纤维的长径比可在 10 至无限大之间变化。增强材料的尺寸有小至 $8\mu m$ 直径的石墨纤维和大至 25mm 直径的钢筋。这些增强材料与基体材料互不相溶，复合后仍保持各自原有的特性。最初的复合材料使用的组分材料是高强度或高模量的纤维、圆形截面的晶须等增强材料和韧性较好的聚合物基体材料，通常称为纤维增强聚合物基复合材料。随着组分材料的不断开发，金属纤维、陶瓷纤维、空心纤维、非圆形截面的纤维，以及韧性更高的基体材料出现，使纤维增强复合材料获得发展，出现了纤维增强金属基复合材料和非金属无机基复合材料等。由于大多数纤维材料较其本体材料的强度高数十倍或数百倍，把高抗拉强度和高模量的纤维材料与低强度、低模量的轻质本体材料复合起来是一种有效的复合方法。一些织物复合材料只用纤维不用基体材料，或者用少量基体只是起黏结纤维的作用，服装用的纺织品大都是纤维-纤维复合材料，选择一种纤维发挥它的力学性能，而配以另一种纤维则是发挥它的其他性能，如耐火性等。如石棉金属纤维复合材料用于运输机械的传动带，是由于它是高抗热材料。纤维增强复合材料的组分材料往往不限于两种，常常使用一些黏结材料（如界面剂）来改善和协调复合材料的性能，使纤维增强效果获得最佳发挥。

纤维材料的强度和一维特征使其在复合材料中得到广泛使用。碎片材料是指两个面平行的薄片状或碎片状材料，这种增强材料在增强面上保持均匀一致的性质，不同于单一方向增强的纤维材料，具有二向增强的特点。碎片增强材料可堆积成较高密度，在基体中的分布可以形成对湿气、有害气体和化学物质的良好屏障作用，由于它们本身的特性，还可为复合材料提供耐热性、绝缘性（电介质薄片）或者导电性（金属薄片）等性能。但应该指出，当受力方向平行于取向平面时，材料具有较高的强度和模量，但抗冲击强度由于层间黏结不足会有所减弱。碎片增强复合材料的优点已在结构应用上受到检验，是由薄片材料通过界面黏结剂或者直接加入到基体材料中而制得的。根据复合材料的使用要求，薄片加入量可以是微量的，也可以构成几乎整个复合材料。薄片的形状和取向可以造成专门的装饰效果，如铝薄片可应用于汽车油漆和塑料制品而造成装饰的颜色效果和不同透明度。

颗粒增强复合材料是由一种或多种组分的细粒悬浮在基体材料中形成的材料。这些颗粒可以是金属，也可以是非金属，但这些颗粒具有高强度、高模量、耐热、耐磨、耐高温等优良性能，颗粒的直径小于 $50\mu m$。按增强颗粒的大小，颗粒增强复合材料可分为弥散强化复合材料和颗粒强化复合材料两种。弥散强化复合的颗粒粒径为 $0.01 \sim 0.1\mu m$，体积用量为 $1\% \sim 15\%$；颗粒强化复合材料的颗粒粒径大于 $14\mu m$，体积用量大于 25%。颗粒作为组分材料，在宏观上来说是无维的，它是一个点，不同于线或面，且是随机分布的。因此，颗粒增强复合材料在宏观上可认为是均匀各向同性材料，但在微观构造上是不均匀的，也存在着界面、缺陷和微裂纹。颗粒的尺寸、特性和功能的变化范围广，因此，颗粒增强复合材料的强化机理至今尚未有统一的理论，即使如此，颗粒增强复合材料的增强效果和广泛应用，不断激励着实验和研究工作的进一步开展。颗粒增强复合材料的增强机理通常是沿用弥散强化型合金的理论，认为弥散强化复合材料的强度与弥散粒子的硬度成正比，因为颗粒必须抵抗其位错运动产生的应力，当颗粒与基体之间存在低界面能时，表示它们之间有良好的匹配，颗粒将对位错运动起阻抑作用；当颗粒周围存在孔隙时，颗粒与基体之间存在高界面能，这将对位错运动的阻碍减弱，在结构中产生微裂缝。由于颗粒的各种特性，与基体组合后，可以造就复合材料许多独特性能。在金属中分散的颗粒，可大幅度扩展材料使用温度范围或强化基体等，如用粉末冶金法制得的铝粉末合金在540℃以上其强度高于热处理铝合金的强度。颗粒强化复合材料通常是由非金属材料和金属材料组合而成的，并保持两种材料原有特性的优点。如透明的塑料掺入大量金属粉末，可使其着色和降低塑料绝缘性；金属粉末与导电碳基体组合，可调节电阻和电容而获得不同电阻率的复合材料。

2. 按照材料的性能进行分类

根据在外场作用下材料的性质或性能对外场响应的不同，材料可以分为结构材料和功能材料。结构材料是指具有抵抗外场作用而保持自身的性状、结构不变的优良力学性能（强度和韧性等），用于结构目的的材料。这种材料通常用于制造工具、机械、车辆和修建房屋、桥梁、铁路等。功能材料是具有优良的电学、磁学、光学、热学、声学、力学、化学、生物学功能并且功能相互转化，被用于非结构目的的高技术材料。功能材料包含了像弹性材料那样属于力学性质范畴的非结构材料，是现代材料中比较高级的材料，但并不是包含除结构材料以外的所有材料。

功能材料是新材料领域的核心，它涉及信息技术、生物工程技术、能源技术、纳米技术、环保技术、空间技术、计算机技术、海洋工程技术等现代高新技术及其产业。功能材料不仅对高新技术的发展起着重要的推动和支撑作用，还对我国相关传统产业的改造和升级，实现跨越式发展起着重要的促进作用。

功能材料种类繁多，用途广泛，正在形成一个规模宏大的高技术产业群，有着十分广阔的市场前景和极为重要的战略意义。世界各国均十分重视功能材料的研发与应用，它已成为世界各国新材料研究发展的热点和重点，也是世界各国高技术发展中战略竞争的热点。在全球新材料研究领域中，功能材料约占85%。我国高技术（863）计划、国家重大基础研究（973）计划、国家自然科学基金项目中有许多功能材料技术项目（约占新材料领域的70%），并取得了大量研究成果。

3. 按照材料的服役领域进行分类

根据材料服役的技术领域，材料可以分为信息材料、航空航天材料、能源材料、生物医用材料等。信息材料是指用于信息的探测、传输、显示、运算和处理光电信息的材料；航空航天材料主要包括新型金属材料、烧蚀防热材料和新型复合材料，以及一些功能材料，如涂层材料、隔热材料、透明材料等；能源材料是指能源工业和能源技术所使用的材料，按照使用目的不同分为新能源材料、节能材料和储氢材料等；生物医用材料是一类合成物质或天然物质或这些物质的复合，它可以作为一个系统的整体或部分，在一定时期内治疗、增强或替换机体的组织、器官或功能。

除以上分类方法外，材料还可按物理性质、物理效应、结构状态和用途进行分类。

2.2　材料微观组织结构

所谓材料的结构，一般指微观结构，是指材料的组元及其排列和运动方式，它包括形貌、化学成分、相组成、宏观组织、显微组织、晶体结构、原子结构等。原子结构和电子结构是研究材料特性的两个最基本的物质层次。多晶体的微观形貌，晶体学结构的取向、晶界、相界面、亚晶界、位错、层错、孪晶，以及固溶和析出、偏析和夹杂、有序化等均称为显微结构。

2.2.1 原子结构与键合

众所周知，一切物质是由无数微粒按一定的方式聚集而成的。这些微粒可能是分子、原子或离子。

分子是能单独存在且保持物质化学特性的一种微粒。分子的体积很小，如 H_2O 分子的直径约为 0.2nm。但分子的质量则有大有小，H_2 分子是分子世界中最小的，它的相对分子质量只有 2，而天然的高分子化合物——蛋白质的分子就很大，其平均相对分子质量可高达几百万。

进一步分析表明，分子又是由一些更小的微粒——原子所组成的。在化学变化中，分子可以再分成原子，而原子却不能再分，故原子是化学变化中的最小微粒。但从量子力学中得知，原子并不是物质的最小微粒，它具有复杂的结构。原子结构直接影响原子间的结合方式。

1. 原子结构

通常，原子被认为是物质的基本组成物，原子胶态地连接在一起，形成晶体和非晶体材料。原子的集合物可以有气体、液体或固体等形态。原子之间的差异，以及表现在机械、物理、化学等性能方面的不同，主要是由于各种原子或电子的结构不同。在结构上，原子核是由带正电荷的粒子（即质子）和不带电荷的粒子（即中子）组成的。质子数也即原子序数（Z）决定了元素的本性。核内质子和中子的总数决定了相对原子质量。每个原子的原子核周围有电子围绕。电子是很小的带电粒子。电子的电荷总数与质子的电荷数相等，但是电性相反。

近代科学实验证明：原子是由质子和中子组成的原子核，以及核外的电子所构成的。原子核内的中子呈电中性，质子带有正电荷。一个质子的正电荷量正好与一个电子的负电荷量相等，它等于 e（$e=1.6022\times10^{-19}C$）。通过静电吸引，带负电荷的电子被牢牢地束缚在原子核周围。因为在中性原子中，电子和质子数目相等，所以原子作为一个整体呈电中性。

原子的体积很小，原子直径约为 $10^{-10}m$ 数量级，而其原子核直径更小，仅为 $10^{-15}m$ 数量级。原子的质量主要集中在原子核内。每个质子和中子的质量大致为 $1.67\times10^{-24}g$，而电子的质量约为 $9.11\times10^{-28}g$，仅为质子的 1/1836。

电子在原子核外空间做高速旋转运动，就好像带负电荷的云雾笼罩在原子核周围，故形象地称它为电子云。电子既具有粒子性又具有波动性，即具有波粒二象性。电子运动没有固定的轨道，但可根据电子的能量高低，用统计方法判断其在核外空间某一区域内出现的概率大小。能量低的，通常在离核近的区域（壳层）运动；能量高的，通常在离核远的区域运动。

波粒二象性是指原子、电子、质子、中子和光子等微观粒子的运动特征既显示出波动性，又显示出粒子性，即分别表现出波动和粒子的性质，称之为波粒二象性。微观粒子波动性和粒子性的内在联系反映在下面两个关系式中：粒子能量＝普朗克常数×波动频率，粒子动量＝普朗克常数×波长，两等式左边体现出微观粒子的粒子性，右边体现出粒子的波动性，这两种特性通过普朗克常数联系起来。

2. 原子间的作用力和结合能

当两个或多个原子形成分子或固体时，它们是依靠什么样的结合力聚集在一起的？这就是原子间的键合问题。原子通过结合键可构成分子，原子之间或分子之间也靠结合键聚集成固体状态。

结合键可以分为化学键和物理键两大类。化学键即主价键，它包括金属键、离子键和共价键；物理键即次价键，也称范德瓦尔斯（van der Waals）力。此外，还有一种称为氢键的，其性质介于化学键和范德瓦尔斯力之间。下面将做一一介绍。

（1）金属键　典型金属原子结构的特点是其最外层电子数很少，且原属于各原子的价电子极易挣脱原子核的束缚而成为自由电子，并在整个晶体内运动，即弥漫于整个金属正离子组成的晶格之中而形成电子云。这种由金属中的自由电子与金属正离子相互作用所构成的键合称为金属键。绝大多数金属均以金属键方式结合，它的基本特点是电子的共有化。

由于金属键既无饱和性又无方向性，因而每个原子有可能与更多的原子相结合，并趋于形成较低能量的密堆结构。当金属受力变形而改变原子之间的相互位置时不至于破坏金属键，这就使金属具有良好的延展性，并且，由于自由电子的存在，金属一般都具有良好的导电和导热性能。

（2）离子键　大多数盐类、碱类和金属氧化物主要以离子键的方式结合。这种结合方式的实质是金属原子将自己最外层的价电子给予非金属原子，使自己成为带正电的正离子，而非金属原子得到价电子后使自己成为带负电的负离子，这样，正负离子依靠它们之间的静电引力结合在一起。故这种结合的基本特点是以离子而不是以原子为结合单元。离子键要求正负离子做相间排列，并使异号离子之间的吸引力达到最大，而同号离子间的斥力为最小，故离子键无方向性和饱和性。因此，决定离子晶体结构的因素就是正负离子的电荷及几何因素。离子晶体中的离子一般都有较高的配位数。

一般离子晶体中正负离子静电引力较强，结合牢固，因此其熔点和硬度均较高。另外，在离子晶体中很难产生自由运动的电子，故它们都是良好的电绝缘体。但当处于高温熔融状态时，正负离子在外电场作用下可以自由运动，此时即呈现离子导电性。

（3）共价键　共价键是由两个或多个电负性相差不大的原子通过共用电子对而形成的化学键。根据共用电子对在两成键原子间是否偏离或偏近某一个原子，共价键又分成非极性键和极性键两种。

氢分子中两个氢原子的结合是最典型的共价键（非极性键）。共价键在亚金属（碳、硅、锡、锗等）、聚合物和无机非金属材料中占有重要地位。

共价键晶体中各键之间都有确定的方位，配位数比较小，共价键的结合极为牢固，故共价键晶体具有结构稳定、熔点高、质硬脆等特点。由于束缚在相邻原子间的"共用电子对"不能自由地移动，因此共价键结合形成的材料一般是绝缘体，其导电能力较差。

（4）范德瓦尔斯力　尽管原先每个原子或分子都是独立的单元，但由于近邻原子的相互作用引起电荷位移而形成偶极子。范德瓦尔斯力是借助这种微弱的、瞬时的电偶极矩的感应作用，将原来具有稳定的原子结构的原子或分子结合为一体的键合。它包括静电力、诱导力和色散力。静电力是由极性原子团或分子的永久偶极之间的静电相互作用所引起的，其大小与热力学温度和距离的七次方成反比；诱导力是当极性分（原）子和非极性分（原）子相互作用时，非极性分子中产生的诱导偶极与极性分子的永久偶极间的相互作用力，其大小与温度无关，但与距离的七次方成反比；色散力是由于某些电子运动导致原子瞬时偶极间产生的相互作用力，其大小与温度无关，但与距离的七次方成反比，在一般非极性高分子材料中，色散力甚至可以占分子间范德瓦尔斯力的 $80\% \sim 100\%$。

范德瓦尔斯力属于物理键，是一种次价键，没有方向性和饱和性。它普遍存在于各种分子之间，对物质的性质，如熔点、沸点、溶解度等的影响很大，通常它的键能比化学键小 $1 \sim 2$ 个数量级，远不如化学键结合得牢固。如将水加热到沸点可以破坏范德瓦尔斯力而变成水蒸气，然而要破坏氢和氧之间的共价键则需要极高的温度。注意，高分子材料的相对分子质量很大，其总的范德瓦尔斯力甚至超过化学键的键能，故在去除所有的范德瓦尔斯力作用前化学键早已经断裂了。所以，高分子往往没有气态，只有液态和固态。

范德瓦尔斯力也能在很大程度上改变材料的性质。如不同的高分子聚合物之所以具有不同的性能，一个重要的因素是其分子间的范德瓦尔斯力不同。

（5）氢键　氢键是一种极性分子键，存在于 HF、H_2O 等分子间。由于氢原子核外只有一个电子，在这些分子中氢原子的唯一电子已被其他原子所共有，故结合的氢端就裸露出带正电荷的原子核。这样它与邻近分子的负端相互吸引，即构成中间桥梁，故又称氢桥。氢键具有饱和性和方向性。

严格地讲，氢键也属于次价键。因它也是靠原子（分子或原子团）的偶极吸引力结合在一起的。它的键能介于化学键和范德瓦尔斯力之间。氢键可以存在于分子内或分子间。氢键在高分子材料中特别重要，纤维素、尼龙和蛋白质等分子具有很强的氢键，并显示出非常特殊的结晶结构和性能。

3. 高分子链

高分子材料的基本成分是有机高分子化合物。高分子的化学组成和结构单元本身的结构一般都比较简单，但由于高分子的相对分子质量可以达到几万甚至上百万，高分子中包含的结构单元可能不止一种，每一种结构单元又可能具有不同的构型，成百上千个结构单元连接起来时，还可能有不同的键接方式与序列，再加上高分子结构的不均一性和结晶的非完整性，因此高分子的结构是相当复杂的。

高分子结构包括链结构和聚集态结构两方面。链结构又分为近程结构和远程结构。近程结构包括构造与构型：构造研究分子链中原子的类型和排列，高分子链的化学结构分类，结构单元的键接顺序，链结构的成分，高分子的支化、交联与端基等内容；构型研究取代基围绕特定原子在空间的排列规律。近程结构属于化学结构，又称一次结构。远程结构又称二次结构，是指单个高分子的大小与形态、链的柔顺性及分子在各种环境中所采取的构象。聚集态结构是指高分子材料整体的内部结构，包括晶态结构、非晶态结构、取向态结构、液晶态结构及组态结构。其中，前四种是描述高分子聚集体中分子间是如何堆砌的，又称三次结构；而组态结构是指不同分子之间或高分子与添加剂分子之间的排列或堆砌结构，又称高次结构。

2.2.2　几何晶体学

无论是金属材料还是非金属材料，通常都是晶体。因此，作为材料科学工作者，首先要熟悉晶体的特征及其描述方法。

1. 晶体结构与晶胞

晶体：原子在三维空间做周期排列的物质称为晶体。晶体中原子的具体排列方式称为晶体结构。在通常情况下，将晶体中的原子看成刚球。

空间点阵：晶体中原子或原子集团排列的周期性规律，可以用一些在空间有规律分布的几何点来表示。沿任一方向上相邻点之间的距离就是晶体沿该方向的周期。这样的几何点的集合就构成了空间点阵。

晶胞：构成晶体的基本单元。这种基本单元一般取最小平行六面体。

晶胞参数：决定晶胞大小、形状的独立参数。对平行六面体，晶胞参数有六个：决定边长的 a、b、c 与决定夹角的 α、β、γ。其中，a、b、c 叫作点阵常数。晶胞参数还可以用三个独立矢量表示：$\boldsymbol{\alpha}$、$\boldsymbol{\beta}$、$\boldsymbol{\gamma}$。

胶态晶体又称胶体晶体。由一种或多种单分散胶体粒子组装并规整排列的二维或三维的类似晶体的有序结构。每个结构基元都是胶体粒子。天然蛋白石（一种多彩宝石）就是由单分散二氧化硅球形粒子密堆积而成的胶态晶体，故胶态晶体也常称为合成蛋白石。胶态晶体的重复周期与可见光波长相似，对可见光能产生衍射效应而产生彩色。胶态晶体具有折射率的周期性变化，故能控制光子的传送，在一定方向上阻止一定频率的光波通过，从而具有光子开关、光子频率变换和光波选频滤波的应用前景。若能以光子取代电子，以胶态晶体取代半导体，利用光子比电子有更快的传播速度，且不带电荷、信息容量大、频带宽、能耗低等性能，可能制造出新一代光子计算机。

2. 对称性与晶系

对称性的高低通过对称要素的多少来确定。球体有无数多个对称面，立方体只有有限个对称面，所以球体的对称性高于立方体。

根据晶胞所具有的对称性的高低，可以将晶体分为七个大类，称为七大晶系，见表 2-2。

表 2-2　晶系

晶系	棱边长度及夹角关系	举例
三斜	$a \neq b \neq c$、$\alpha \neq \beta \neq \gamma \neq 90°$	K_2CrO_7
单斜	$a \neq b \neq c$、$\alpha = \gamma = 90° \neq \beta$	$\beta\text{-}S$、$CaSO_4 \cdot 2H_2O$
正交	$a \neq b \neq c$、$\alpha = \beta = \gamma = 90°$	$\alpha\text{-}S$、Ga、Fe_3C
六方	$a = b \neq c$、$\alpha = \beta = 90°$、$\gamma = 120°$	Zn、Ca、Mg、$NiAs$
菱方	$a = b = c$、$\alpha = \beta = \gamma \neq 90°$	As、Sb、Bi
四方	$a = b \neq c$、$\alpha = \beta = \gamma = 90°$	$\beta\text{-}Sn$、TiO_2
立方	$a = b = c$、$\alpha = \beta = \gamma = 90°$	Fe、Cr、Cu、Ag、Au

3. 阵点与布拉菲点阵

阵点：由晶体中原子抽象而成的、周围环境完全相同的几何点。周围环境完全相同的要求是针对每一个点的，这是一个限制性很强的要求。

布拉菲点阵：由于阵点有周围环境完全相同的要求，空间点阵的种类受到限制。其中，二维点阵只有正方、长方、六方、菱方和斜方五种；而三维空间中的点阵共有 14 种，见表 2-3。

表 2-3　空间点阵与晶系

序号	点阵类型	晶系
1	简单三斜	三斜
2	简单单斜	单斜
3	底心单斜	单斜
4	简单正交	正交
5	底心正交	正交
6	体心正交	正交
7	面心正交	正交
8	简单六方	六方
9	菱形(三角)	菱方
10	简单四方	四方(正方)
11	体心四方	四方(正方)
12	简单立方	立方
13	体心立方	立方
14	面心立方	立方

4. 晶向指数、晶面指数、晶面间距

（1）晶向指数与晶面指数的标定　任意两阵点的连线构成晶向；三个非共线阵点构成晶面。不同的晶向或晶面可以用密勒（Miller）指数表示，其中，晶向或晶面不同是指方向或阵点排列方式不同。

1）晶向指数的标定。第一步：在晶胞中确定原点及 x、y、z 三轴，用点阵常数 a、b、c 作为 x、y、z 三轴的单位长度，如图 2-2 所示。第二步：过原点作所需标定晶向的平行线，该平行线必过某一阵点，这个阵点在 $Oxyz$ 坐标系中的坐标为 u、v、w。第三步：将 u、v、w 化为最小整数并加上方括号，所需标定晶向的指数即为 $[uvw]$。如果有负值，负号记在数字上面。例如：若 u 为负值，则记为 $[\bar{u}vw]$。

一个确定的 $[uvw]$ 表示所有相互平行、方向相同的晶向。立方晶系中一些重要的晶向指数，如图 2-2 所示。

在立方晶系中，u、v、w 数值相同但正负号及排列顺序不同的一组晶向称为晶向族，记为 $\langle uvw \rangle$。若两个不同的晶向属于同一晶向族，则它们的方向虽不相同，但阵点间距一定相同。

2）晶面指数的标定。第一步：在晶胞中确定原点及 x、y、z 三轴，以点阵常数 a、b、c 为 x、y、z 三轴的单位长度，如图 2-3 所示。第二步：求出待定晶面在 x、y、z 三轴上的截距

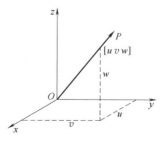

图 2-2　晶向指数的标定

（若晶面平行于某轴，则相应的截距取∞）。第三步：取每个截距的倒数，然后化为最小整数并加圆括号，记为（hkl）。

在立方晶系中，有类似于晶向族的概念，即晶面族，记为 $\{hkl\}$。若两个不同的晶面属于同一晶面族，则它们的方位虽然不相同，但这两个晶面上的阵点排列方式完全相同。

在立方晶系中，晶面（$h_1k_1l_1$）与（$h_2k_2l_2$）之间的夹角公式如下：

$$\cos\theta = \frac{h_1h_2+k_1k_2+l_1l_2}{\sqrt{h_1^2+k_1^2+l_1^2}+\sqrt{h_2^2+k_2^2+l_2^2}}$$

式中，h_1、k_1、l_1、h_2、k_2、l_2 已在上文给出标定讲解。

3）六方晶系的指数标定。六方晶系晶面指数的标定也可以按上述方法进行，这时三轴为：a_1、a_2、c，如图2-4所示。由于 a_1 与 a_2 不垂直等原因，很难看清和标定出晶面之间的关系。例如，六个柱面上阵点排列方式虽完全一致，但从晶面指数上却看不出等同关系，因为这六个晶面的指数分别是：（100）、（010）、（$\bar{1}$10）、（$\bar{1}$00）、（0$\bar{1}$0）、（1$\bar{1}$0）。

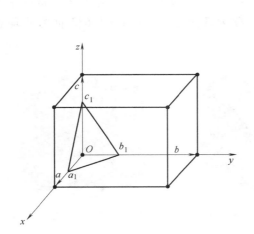

图2-3　晶面指数的标定

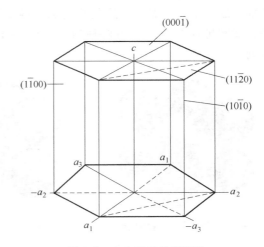

图2-4　六方晶系晶面指数

为了克服六方晶系中三指数的上述缺陷，专门设计了（$hkil$）四指数法，其确定步骤如下：

① （$hkil$）中的 h、k、l 与一般的晶面指数标定一致。

② $i = -(h+k)$。

用四指数标定后，六个柱面的指数变为：（10$\bar{1}$0）、（01$\bar{1}$0）、（$\bar{1}$100）、（$\bar{1}$010）、（0$\bar{1}$10）、（1$\bar{1}$00），它们同属于 $\{10\bar{1}0\}$ 晶面族。

（2）晶面间距 d_{hkl}　平行晶面间最近的距离称为晶面间距。

1）简单晶胞的晶面间距。在14种布拉菲点阵构成的晶胞中，第1、2、4、8、10、12号晶胞为简单晶胞，其余为复杂晶胞。简单晶胞的晶面间距见表2-4。

表2-4　简单晶胞的晶面间距

晶体类型	正交晶系	立方晶系	六方晶系
晶面间距	$d_{hkl} = \left(\dfrac{h^2}{a^2}+\dfrac{k^2}{b^2}+\dfrac{l^2}{c^2}\right)^{-\frac{1}{2}}$	$d_{hkl} = \dfrac{a}{\sqrt{h^2+k^2+l^2}}$	$d_{hkl} = \left[\dfrac{4}{3}\left(\dfrac{h^2+hk+k^2}{a^2}\right)+\dfrac{l^2}{c^2}\right]^{-\frac{1}{2}}$

2）复杂晶胞的晶面间距。第一步：先用同一晶系的简单晶胞的晶面间距公式计算。第二步：根据复杂晶胞的具体情况除以某一正整数。

2.2.3 纯金属的晶体结构

在空间点阵中，原子被抽象成几何点。在晶体结构中，一般将原子看成是刚性球。

1. 典型的金属晶体结构

（1）A1 结构（面心立方或 fcc 结构） 面心立方结构的晶胞如图 2-5 所示。属于面心立方结构的金属有：γ-Fe、Al、Cu、Ni、Ag、Au 等。

（2）A2 结构（体心立方或 bcc 结构） 体心立方结构的晶胞如图 2-6 所示。属于体心立方结构的金属有：α-Fe、Cr、V、Mo、W 等。

（3）A3 结构（密排六方或 hcp 结构） 密排六方结构的晶胞如图 2-7 所示。属于密排六方结构的金属有：Mg、Zn、α-Ti、α-Co。需要说明的是：①若将密排六方结构中的每个原子抽象成一个几何点，则这些几何点不满足阵点的要求，即密排六方点阵不属于布拉菲点阵；②密排六方结构分为两种情况，$c/a = 1.633$ 称为理想排列，$c/a \neq 1.633$ 称为非理想排列。

图 2-5　面心立方结构晶胞　　图 2-6　体心立方结构晶胞　　图 2-7　密排六方结构晶胞

（4）A4 结构（金刚石结构） 金刚石结构的晶胞如图 2-8 所示，其中黑点为原子中心位置，每个原子都与周围四个原子相切。不难看出，金刚石结构晶胞中的原子一部分以面心立方结构排列，另外四个处于内部的原子构成正四面体。属于金刚石结构的金属有 α-Zn，非金属 Si 和 C 也能以这种结构排列。金刚石点阵不属于 14 种布拉菲点阵。

2. 晶体结构的几何性质

（1）晶胞原子数 N 属于一个晶胞的原子个数称为晶胞原子数。晶胞原子数的计算方法如下：①处于晶胞角上的原子，1/8 属于该晶胞（对于密排六方结构，角上原子的 1/6 属于晶胞）；②处于晶胞棱上的原子，1/4 属于该晶胞；③处于晶胞面上的原子，1/2 属于该晶胞；④处于晶胞内部的原子，完全属于该晶胞。因此，$N_{fcc} = 4$，$N_{bcc} = 2$，$N_{hcp} = 6$，$N_{金刚石} = 8$。

（2）金属晶体原子直径 D 与点阵常数 a 其关系见表 2-5。

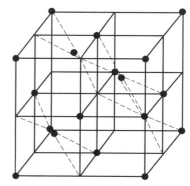

图 2-8　金刚石结构晶胞

表 2-5　原子直径 D 与点阵常数 a 的关系

金属晶体类型	面心立方	体心立方	六方晶系	金刚石
D 与 a 的关系	$D_{fcc} = \dfrac{\sqrt{2}}{2}a$	$D_{bcc} = \dfrac{\sqrt{3}}{2}a$	$D_{hkl} = \left[\dfrac{4}{3}\left(\dfrac{h^2+hk+k^2}{a^2} \right) + \dfrac{l^2}{c^2} \right]^{-\frac{1}{2}}$	$D_{金刚石} = \dfrac{\sqrt{3}}{4}a$

需要说明的是，点阵常数 a 是可以测量的物理量，而原子直径 D 是通过计算得出的。因此，点阵常数更为重要。

（3）致密度 K　致密度分为体致密度和面致密度。晶体中原子所占的体积与总体积之比 K_V 称为体致密度，某一晶面内原子所占的面积与总面积之比 K_f 称为面致密度。即使在同一晶体结构中，不同晶面族的面致密度也是不相同的。某一晶体结构中 K_f 最大的晶面称为密排面。

（4）配位数 Z　配位数分为体配位数和面配位数。某一原子周围等距且最近邻的原子个数称为体配位数，记为 Z_V，体配位数简称配位数；原子在某一晶面上的配位数称为该晶面的配位数，记为 Z_f。同一晶体不同晶面上的配位数通常不同。

（5）间隙　在晶体结构中，由于原子（视为刚球）不可能充满整个空间，因此原子之间必有间隙。在分析晶体结构的间隙时，要明确间隙的种类、大小、位置和数量。

1）fcc 结构。fcc 结构的间隙有两种，即八面体间隙和四面体间隙，它们的几何模型如图 2-9 所示。八面体间隙由六个原子围成，四面体间隙由四个原子围成，如图 2-10 所示。若

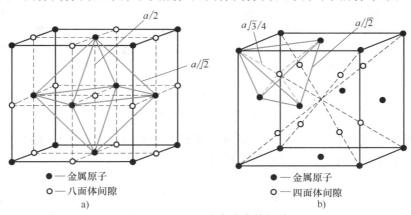

图 2-9　面心立方点阵中的间隙

a）八面体间隙　b）四面体间隙

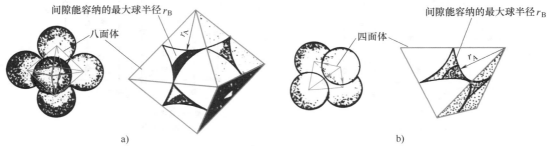

图 2-10　面心立方晶体中间隙的刚球模型

a）$\dfrac{r_B}{r_A} = 0.414$　b）$\dfrac{r_B}{r_A} = 0.225$

间隙的大小（用内切球半径表示）为 r_B，原子半径为 r_A，则八面体为 $r_B/r_A = 0.414$，四面体为 $r_B/r_A = 0.225$。八面体间隙的中心位于晶胞的体心与棱心，四面体间隙的中心位于晶胞体对角线 1/4 和 3/4 处。八面体间隙数与原子数之比为 1：1，四面体间隙数与原子数之比为 2：1。

2）bcc 结构。bcc 结构也有八面体间隙与四面体间隙。它们的几何模型如图 2-11 所示。bcc 的间隙不是正八面体与正四面体。若间隙的大小（用内切球半径表示）为 r_B，原子半径为 r_A，则八面体为 $r_B/r_A = 0.15$，四面体为 $r_B/r_A = 0.29$。八面体间隙的中心位于晶胞的面心和棱心上，四面体间隙的中心如图 2-11 所示。与 fcc 不同，bcc 结构间隙会相互重叠，故间隙数量的确定比较复杂。

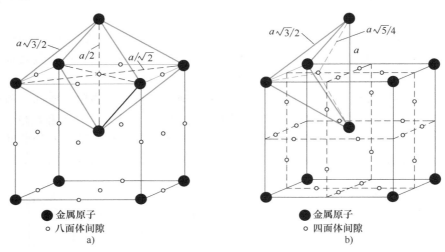

图 2-11　体心立方点阵中的间隙

a）八面体间隙　b）四面体间隙

3）hcp 结构。对理想的 hcp 结构，其间隙的种类、大小、数量与 fcc 结构完全一致，只是间隙中心位置有所不同。它们的几何模型如图 2-12 所示。

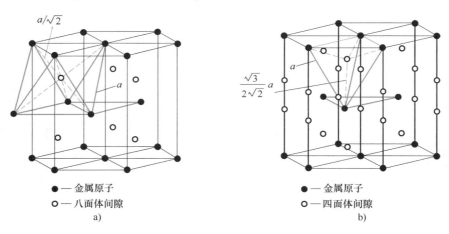

图 2-12　密排六方点阵中的间隙

a）八面体间隙　b）四面体间隙

（6）堆垛顺序（晶面排列的周期性）　由于晶体排列的周期性，可以把三维晶体看成由二维的原子面一层层堆垛而成。

堆垛顺序是指晶体中某一原子面堆垛的周期规律。例如，bcc 结构（001）面的堆垛顺序可记为 ABAB…，它表示第三层原子的排列位置与第一层完全一致［从垂直于（001）面的方向看过去］，第二层与第四层的排列位置完全一致。

2.2.4　相结构及相图

组成材料最基本的、独立的物质称为组元，简称元。组元可以是纯元素，如金属元素与非金属元素，也可以是稳定化合物。材料可由单一组元组成，也可以由多种组元组成。纯金属由于强度低等原因，在工业上广泛使用的是多组元金属材料，多组元组成的金属材料称为合金。所谓合金，是指由两种或两种以上的金属，或金属与非金属经熔炼或用其他方法制成的具有金属特性的物质。由两个组元组成的合金称为二元合金，三个组元组成的合金称为三元合金，依此类推。研究多组元材料的性能，首先要了解各组元间在不同物理化学条件下的相互作用，以及由于这种作用而引起的系统状态的变化及相的转变。系统状态的变化及相的转变与材料中各组元的性质、质量分数、温度及压力等有关。描写在平衡条件下，系统状态或相的转变与成分、温度及压力间关系的图解，便是相图。掌握相图的分析方法和使用方法，可以分析和了解材料在不同条件下的相转变及相的平衡存在状态，以及预测材料的性能和研制新的材料。相图还可以作为制定材料制备工艺的重要依据。

1. 材料的相结构

相是合金中具有同一聚集状态、同一晶体结构和性质并以界面相互隔开的均匀组成部分。材料的性能与各组成相的性质、形态、数量直接有关。不同的相具有不同的晶体结构，虽然相的种类极为繁多，但根据相的结构特点，金属相可以归纳为固溶体与中间相，陶瓷相可以归纳为晶体相、玻璃相和气相，高分子相可以归纳为晶相与非晶相。下面以金属相为主要学习内容。

（1）固溶体　以合金中某一元素作为溶剂，其他组元为溶质，所形成的与溶剂有相同晶体结构、晶格常数稍有变化的固相，称为固溶体。几乎所有的金属都能在固态或多或少地溶解其他元素而成为固溶体。固溶体可在一定成分范围内存在，其性能随成分变化而连续变化。

固溶体具有以下几个特点：①固溶体保持了溶剂的晶格类型；②其成分可以在一定范围内变化，但不能用一个化学式表示；③在相图上为一个区域；④具有明显的金属性质，结合键主要是金属键。

根据固溶体的不同特点，可以分为不同类型。

1）按溶质原子在溶剂晶格中所占的位置分类，固溶体可以分为置换固溶体和间隙固溶体。所谓置换固溶体是指溶质原子占据溶剂晶格某些结点位置所形成的固溶体，如图 2-13a 所示；而间隙固溶体则是指溶质原子进入溶剂晶格的间隙中所形成的固溶体，溶质原子不占据晶格的正常位置，如图 2-13b 所示。

2）按溶质原子分布有无规律分类，固溶体可以分为有序固溶体和无序固溶体。所谓有序固溶体是指溶质原子按一定的规律分布在溶剂晶格中，如图 2-14a 所示；而无序固溶体则是指溶质原子随机地分布于溶剂晶格中，如图 2-14b 所示。

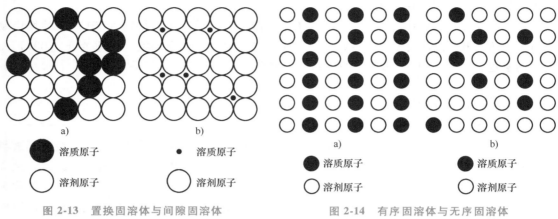

图 2-13　置换固溶体与间隙固溶体
a）置换固溶体　b）间隙固溶体

图 2-14　有序固溶体与无序固溶体
a）有序固溶体　b）无序固溶体

3）按溶质原子溶解度分类，固溶体又可以分为有限固溶体和无限固溶体。所谓有限固溶体是指超过溶解度有其他相形成，如铜锌合金；而无限固溶体则是指溶质可以任意比例溶入，即溶质溶解度可达 100%，如铜镍合金。

（2）中间相　两组元间的相对尺寸差、电子浓度及电负性差都有一容限，当溶质原子的加入量超过此容限时便会形成一种新相，这种新相称为中间相，中间相的晶体结构不同于此相中的任一组元。不同元素之间所形成的中间相往往在晶体结构、结合键等方面都不相同。

中间相一般具有较高的熔点及硬度，可使合金的强度、硬度、耐磨性及耐热性提高。有些中间相还具有某些特殊的物理、化学性能，其中不少正在开发应用中，如性能远远优于硅半导体材料的 GaAs，具有形状记忆效应的 NiTi、CuZn，以及作为新一代能源材料的储氢材料 LaNi$_5$ 等。

中间相可以用化合物的化学分子式表示，因为中间相是化合物或者以化合物为基的固溶体。大多中间相的结合方式属于金属键与其他键（如离子键、共价键和分子键）的混合，因此具有金属性。和固溶体一样，电负性、电子浓度和原子尺寸也会对中间相的形成及晶体结构造成影响，据此中间相可以分为三大类。

1）正常价化合物。两组元构成的正常价化合物常具有 AB、AB$_2$（A$_2$B）、A$_2$B$_3$ 等定比关系，在元素周期表中，由一些金属与电负性较强的ⅣA、ⅤA、ⅥA 族的一些元素按照化学上的原子价规律所形成的化合物。

2）电子化合物。由电子浓度决定其晶体结构的化合物，具有相同的电子浓度时相的晶体结构类型相同。由Ⅷ、ⅠB、ⅡB 与ⅢA、ⅣA 之间形成，电负性相差小。电子化合物中原子间的结合方式以金属键为主，故具有明显的金属特性。

3）与原子尺寸因素有关的化合物。这类化合物与组成元素尺寸差别有关，当两种原子半径差很大的元素形成化合物时，倾向于形成间隙相和间隙化合物，而中等程度差别时则倾向形成拓扑密堆相。其中原子半径较小的非金属元素如 C、H、N、B 等可与金属元素（主要是过渡族金属）形成间隙相或间隙化合物。拓扑密堆相是由两种大小不同的金属原子所构成的一类中间相，其中大小原子通过适当的配合构成空间利用率和配位数都很高的复杂结构。

2. 二元相图及其类型

（1）相图与相律 随着温度和压力的变化，材料的组成相会发生变化。从一种相到另一种相的转变称为相变。由液相至固相的转变称为凝固，如果凝固后的固体是晶体，则又可称之为结晶；而不同固相之间的转变称为固态相变；由气相到固相的转变称为气-固相变。这些相变的规律可借助相图直观简明地表示出来。相图是描述系统的状态、温度、压力与成分之间关系的一种图解。利用相图可以知道不同成分的材料在不同温度下存在哪些相、各相的相对量、成分及温度变化时可能发生的变化。

相律是描述材料在不同条件下相平衡状态所遵循的法规，是理解、分析相图十分重要的理论依据。相律公式表达形式为

$$F = C - P + 2$$

式中，F 为体系的自由度数；C 为体系的组元数；P 为相数；2 为温度、压力两个参数。

其中，合金结晶、固态相变是在恒压下进行的（压力影响小），故 $F = C - P + 1$。体系的自由度 F 是指当合金相数固定时，合金相可以独立改变的、影响合金状态的内、外因素的数目，其中内因为组元成分，外因为温度。

需要指出，相律和相图只在热力学平衡条件下成立，相律和相图不能反映各平衡相的结构、分布状态及具体形貌。

相图的形式和种类很多，如温度-浓度图（T-x）、温度-压力-浓度（T-p-x）图、温度-压力（T-p）图，以及立体模型图解（如三元相图）和它们的某种切面图、投影图等。根据研究内容的需要，可选择方便的图解，以形象地阐明关系。

（2）纯金属的结晶 为了理解相变，接下来以纯金属的结晶为例，理解纯晶体凝固过程的转变。

凝固是物质由液态到固态的转变，是原子由不规则排列状态（液态）过渡到排列状态（固态）的过程。根据相律可以分析，纯晶体（$C = 1$）的凝固过程处于液固两相共存（$P = 2$），该反应在常压下进行，$F = C - P + 1 = 1 - 2 + 1 = 0$，故反应温度不变。纯晶体理论凝固温度为晶体的熔点 T_m，通过热分析法可以得到。要发生结晶的实际温度 T_s 低于 T_m，将此温度差称为过冷度 $\Delta T = T_m - T_s$，过冷是金属结晶的必要条件。

金属的结晶包括两个基本过程，即形核与长大。

形核是液态金属内部生成一些极小的晶体作为结晶的核心。形核有两种方式：一是自发形核（均匀形核），在液态金属内部由金属原子自发形成的晶核叫自发晶核；二是非自发形核（非均匀形核），实际金属内部往往含有许多其他杂质，这种依附于杂质形成的晶核叫非自发晶核。

晶体的长大有两种方式，即平面长大和树枝状长大。当冷却速度较慢时，金属晶体以其表面向前平行推移的方式长大，即平面长大。其结果是晶体获得的表面为密排面的规则形状。当冷却速度较快时，晶体的棱角和棱边的散热条件比面上的优越，因而长大较快，成为伸入液体中的晶枝，即树枝状长大。优先形成的晶枝称一次晶轴，在一次晶轴增长和变粗的同时，在其侧面生出新的晶枝，即二次晶轴。其后又生成三次晶轴、四次晶轴。结晶后得到具有树枝状的晶体。实际金属结晶时，长大的两种方式可能同时存在，但多以树枝状方式长大。

（3）二元相图分析

1）二元相图的绘制。工业生产中，广泛使用的材料为二组元及多组元组成的多元材料，其中，二组元系是最基本的。二元相图是表示系统中两个组元在热力学平衡状态下组分和温度、压力之间关系的简明图解（体系处于一个大气压的状态）。二元相图的横坐标表示成分，纵坐标表示温度。

二元相图是根据各成分的临界点绘制的，在临界点物质结构状态会发生本质变化。测定材料临界点的方法有动态法和静态法两种，前者有热分析法、膨胀法、电阻法等；后者有金相法、X 射线结构分析等。以热分析法为例，热分析技术是在程序控制的温度下测量物质的各种物理转变与化学反应，用于某一特定温度时物质及其组成和特性参数的测定，由此进一步研究物质的结构与性能的关系、反应规律。以 Cu-Ni 二元合金为例，先配制一系列含 Ni 量不同的 Cu-Ni 合金，测出它们从液态到室温的冷却曲线，得到各临界点（图 2-15a），将临界点对应的温度和成分分别标在二元相图的纵坐标和横坐标上，每个临界点在二元相图中对应一个点，再将凝固的开始温度点和终结温度点分别连接起来，就得到相图（图 2-15b）。由凝固开始温度连接起来的相界线称为液相线，由凝固终结温度连接起来的相界线称为固相线。相图中由相界线划分出来的区域称为相区，表明在此范围内存在的平衡相类型和数目。在二元相图中有单相区和两相区。

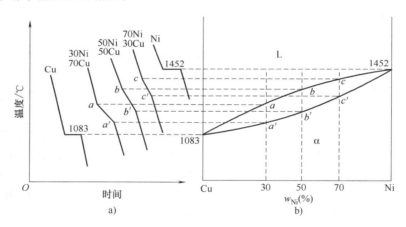

图 2-15　用热分析法建立 Cu-Ni 相图
a）冷却曲线　b）相图

2）杠杆定律。计算相图中各组元成分需要用到杠杆定律，它是利用相图确定和计算合金在两相区中，两平衡相的成分和相对量的方法，由于它与力学中的杠杆定律很相似，故称为杠杆定律。如图 2-16 所示，以 Cu-Ni 相图为例，计算成分为 C 的合金在 t_1 时，合金处于液、固两相时，L 和 α 两相的相对重量。则有：

$$W_L + W_\alpha = 1$$
$$W_L C_L + W_\alpha C_\alpha = C$$

式中，C_L 为 t_1 时 L 相的成分；C_α 为 t_1 时 α 相的成分；W_L 为 t_1 时 L 相的重量；W_α 为 t_1 时 α 相的重量，设合金总重量为 1。

解得：

$$\frac{W_{\mathrm{L}}}{W_\alpha} = \frac{C_\alpha - C}{C - C_{\mathrm{L}}} = \frac{\overline{rb}}{\overline{ar}}$$

$$W_{\mathrm{L}}\,\overline{ar} = W_\alpha\,\overline{rb}$$

由图2-17可以看出杠杆定律的力学比喻，该定律适用于二元相图两相区两相重量的计算，该公式只能在平衡条件下使用，只能计算相的相对含量。

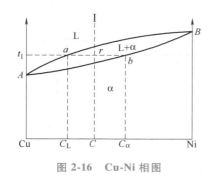

图 2-16　Cu-Ni 相图

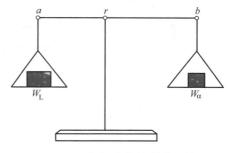

图 2-17　杠杆定律的力学比喻

3）二元相图的基本类型。基本类型的二元相图有匀晶相图、共晶相图和包晶相图。

① 匀晶相图。由液相结晶出单相固溶体的过程称为匀晶转变，绝大多数的二元相图都包括匀晶转变部分，如 Cu-Ni、Ag-Au、Fe-Cr、Fe-Ni、Cr-Mo、Mo-W 等二元合金。组成二元合金的两组元在液态和固态均能无限互溶的合金系所形成的相图称二元匀晶相图。典型的匀晶反应相图如 Cu-Ni 相图（图2-18），固溶体的平衡凝固是指凝固过程中的每个阶段都能达到平衡，以 $w_{\mathrm{Ni}} = 70\%$ 的 Cu-Ni 合金 I 为例。液态合金自 0 点开始冷却，到 1 点（与液相线相交）开始结晶，由右图结晶过程可以看出，此时有 α 相开始生成，到 2 点（与固相线相交）凝固结束。图中，a 为纯 Cu 理论熔点，b 为纯 Ni 理论熔点，$a_1 b$ 线为液相线，$a_2 b$ 线为固相线。

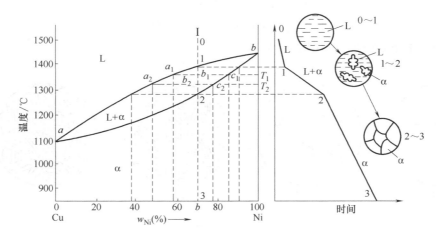

图 2-18　Cu-Ni 相图与结晶过程

② 共晶相图。在一定温度下，一定成分的液体同时结晶出两种一定成分的固相的反应为共晶反应，这两相的混合物称为共晶组织或共晶体。共晶相图为组成合金的两组元在液态

时无限互溶，固态时有限互溶，结晶时发生共晶转变的相图。Pb-Sn、Ag-Cu、Al-Si 合金相图均属于共晶相图，其中以 Pb-Sn 相图最为典型（图 2-19）。

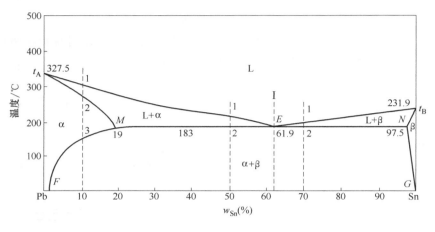

图 2-19　Pb-Sn 相图

如图 2-19 所示，t_A 为 Pb 的熔点，t_B 为 Sn 的熔点，E 为共晶温度 183℃，图中 α 是 Sn 溶于以 Pb 为基的固溶体，β 是 Pb 溶于以 Sn 为基的固熔体。液相线 $t_A E$ 和 $t_B E$ 分别表示 α 相和 β 相结晶的开始温度，而 $t_A M$ 和 $t_B N$ 分别表示 α 相和 β 相结晶的终结温度。MEN 水平线表示 L、α、β 三相共存的温度和各相的成分，该水平线称为共晶线。MF 和 NG 线分别为 α 固溶体和 β 固溶体的饱和溶解度曲线。

以 E 点成分的合金 I 为例，分析其平衡凝固过程。该合金从液态缓冷至 183℃ 时，液相 L_E 同时结晶出 α 和 β 两种固溶体，$L_E \longrightarrow \alpha_M + \beta_N$，这一过程在恒温下进行，直至凝固结束。利用杠杆定律可以计算此时 α 相和 β 相的相对量。

$$w_{\alpha_M} = \frac{EN}{MN} \times 100\% = \frac{97.5 - 61.9}{97.5 - 19} \times 100\% = 45.4\%$$

$$w_{\beta_N}\% = 100\% - w_{\alpha_M} = 54.6\%$$

该合金的平衡凝固过程如图 2-20 所示。

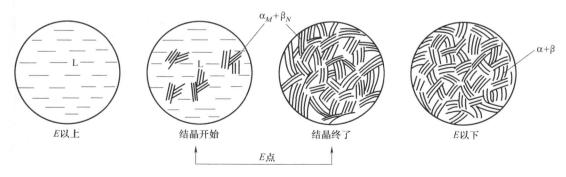

图 2-20　Pb-Sn 共晶合金平衡凝固过程示意图

③ 包晶相图。在二元相图中，包晶转变就是已结晶的固相与剩余液相反应形成另一固相的恒温转变。当两组元在液态无限互溶，在固态时形成有限互溶，而且发生包晶反应时，

所构成的相图，称为二元包晶相图。具有包晶转变的二元合金有 Fe-C、Cu-Zn、Ag-Sn、Ag-Pt 等。Ag-Pt 相图（图 2-21）是典型代表。

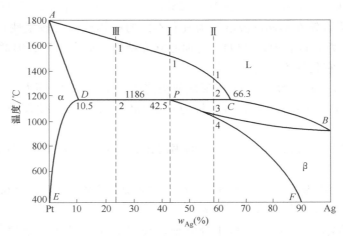

图 2-21　Ag-Pt 相图

如图 2-21 所示，图中 ACB 是液相线，AD、PB 是固相线，DE 是 Ag 在 Pt 为基的 α 固溶体中的溶解度曲线，PF 是 Pt 在 Ag 为基的 β 固溶体中的溶解度曲线。以 P 点成分的合金 I 为例，该合金在冷却到 1 点时开始匀晶转变，从 L⟶α，随着温度的降低，固溶体 α 不断增加，成分沿固相线 AD 变化，液相 L 不断减少，成分沿液相线 AC 变化，当冷却到 P 点时，L 的成分达到 C 点，α 相的成分达到 D 点，这时它们的相对量可用杠杆定律计算：

$$w_L = \frac{DP}{DC} \times 100\% = \frac{42.5 - 10.5}{66.3 - 10.5} \times 100\% = 57.3\%$$

$$w_\alpha = \frac{PC}{DC} \times 100\% = \frac{66.3 - 42.5}{66.3 - 10.5} \times 100\% = 42.7\%$$

包晶转变结束后，液相 L 和 α 相反应正好全部转变为 β 固溶体。随着温度继续下降，由于 Pt 在 β 相中的溶解度随温度降低而沿 PF 线减小，因此将不断从 β 固溶体中析出 α_{II}。该合金的平衡凝固过程如图 2-22 所示。

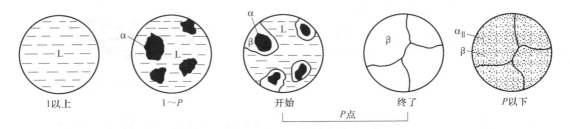

图 2-22　合金 I 的平衡凝固示意图

（4）铁碳合金相图分析　本部分将对具有重要应用价值的 $Fe-Fe_3C$ 相图进行重点讨论。钢铁材料是目前乃至今后很长一段时间内，人类社会中最为重要的金属材料。工业上将铁-碳二元系中碳的质量分数小于 2.11% 的合金称为钢，将碳的质量分数大于 2.11% 的铁碳合金称为铸铁。工业用钢和铸铁中除了铁、碳元素外还含有其他组元。为了研究上的方便，可以有条件地把它们看成二元合金，在此基础上再考虑所含其他元素的影响。

1）铁碳相图的组元与基本相

① 纯铁。铁属于过渡族元素，在 101.325kPa 下于 1538℃ 熔化，于 2740℃ 汽化。

② 固态铁。固态铁在不同的温度范围具有不同的晶体结构（多型性）：1394～1538℃ 为体心立方结构，称为 δ-Fe；912～1394℃ 为面心立方结构，称为 γ-Fe；912℃ 以下为体心立方结构，称为 α-Fe，它是铁磁性的。

③ 铁素体（F）。碳溶解于 α-Fe 中形成的固溶体，呈体心立方晶格。铁素体的含碳量非常低，在 727℃ 时 C 在 α-Fe 中最大溶解量为 0.0218%，室温下含碳仅为 0.0008%，所以其性能与纯铁相似。

④ 奥氏体（A）。碳溶入 γ-Fe 中形成的固溶体，呈面心立方晶格。A 具有 fcc 结构，晶粒呈平直多边形。

⑤ Fe_3C。Fe_3C 称为渗碳体，是铁与碳形成的间隙化合物。其 w_C 为 6.69%，是 Fe-Fe_3C 系中的组元，又是铁碳合金中的重要基本相。

渗碳体属于正交晶系，晶体结构十分复杂，Fe_3C 是由 C 原子构成的一个斜方晶格，原子周围有六个 Fe 原子，构成一个八面体，而每个 Fe 原子属于两个八面体共有，Fe：C = 3：1（原子数量比），如图 2-23 所示。渗碳体是介稳定化合物，当条件适当时，它将按下式分解：$Fe_3C \longrightarrow Fe+C$。这样分解出来的单质状态的碳称为石墨碳，石墨碳的晶体结构如图 2-24 所示。

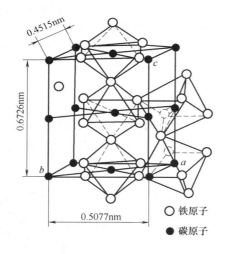

图 2-23　Fe_3C 晶体结构

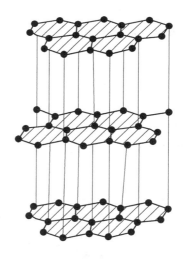

图 2-24　石墨碳晶体结构

⑥ 铁碳合金相。铁与碳组成的重要合金相有铁素体、奥氏体、渗碳体和石墨相。

2）Fe-Fe_3C 相图介绍。图 2-25 所示为 Fe-Fe_3C 相图，是在十分缓慢的冷却条件下，用热分析法测定的铁碳合金的成分、温度、组织三者之间关系的图解。相图中各成分点的温度、成分及意义见表 2-6。各特性点的符号是国际通用的，不能随意更换。图 2-25 中，*AB-CD* 为液相线，*AHJECF* 为固相线。整个相图中共有三个恒温转变。

包晶转变：在 *HJB* 水平线（1495℃）发生包晶反应，即在 1495℃ 的恒温下 $w_C = 0.09\%$

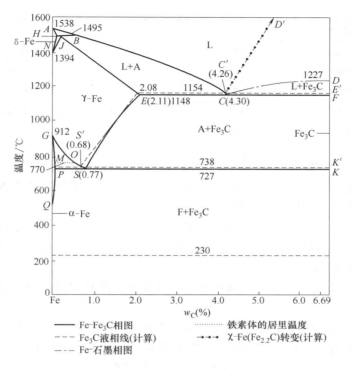

图 2-25　Fe-Fe₃C 相图

的 δ 铁素体发生反应，生成 $w_C = 0.17\%$ 的奥氏体。

共晶反应：*ECF* 线（1148℃）是共晶反应线。含碳量在 *E ~ F*（$w_C = 2.11\% \sim 6.69\%$）之间的铁碳合金均要发生共晶转变；转变产物是奥氏体和渗碳体的机械混合物，称为莱氏体，用 L_d 表示。

共析反应：在 *PSK*（727℃）线发生共析转变；共析转变产物称为珠光体，用符号 P 表示。*PSK* 线称为共析反应线，常用符号 A_1 表示。从图中可以看出，凡是 $w_C > 0.0218\%$ 的铁碳合金都将发生共析转变。经共析转变形成的珠光体是片层状的，组织中的渗碳体称为共析渗碳体。

表 2-6　Fe-Fe₃C 相图中各主要点的温度、含碳量及意义

点的符号	温度/℃	含碳量(w_C)(%)	说明
A	1538	0	纯铁熔点
B	1495	0.53	包晶反应时液态合金的浓度
C	1148	4.30	共晶点，$L_C \Longrightarrow \gamma_E + Fe_3C$
D	1227	6.69	渗碳体熔点（计算值）
E	1148	2.11	碳在 γ-Fe 中的最大溶解度
F	1148	6.69	渗碳体
G	912	0	α-Fe $\Longrightarrow$ γ-Fe 同素异构转变点 A_3

点的符号	温度/℃	含碳量(w_C)(%)	说明
H	1495	0.09	碳在 δ-Fe 中的最大溶解度
J	1495	0.17	包晶点,$L_B + \delta_H \rightleftharpoons \gamma_J$
K	727	6.69	渗碳体
N	1394	0	γ-Fe $\rightleftharpoons$ δ-Fe 同素异构转变点 A_4
P	727	0.0218	碳在 α-Fe 中的最大溶解度
S	727	0.77	共析点,$\gamma_S \rightleftharpoons \alpha_P + Fe_3C$

32

GS 线：GS 线又称为 A_3 线，它是在冷却过程中，由奥氏体析出铁素体的开始线，或加热时铁素体全部溶于奥氏体的终了线。

ES 线：ES 线是碳在奥氏体中的固溶度曲线。此温度线常称为 A_{cm} 温度。当温度低于此温度时，奥氏体中将析出渗碳体，称为二次渗碳体，用 Fe_3C_{II} 表示，以区别从液相中经 CD 线析出的一次渗碳体 $Fe\text{-}Fe_3C_I$。

图中 MO 线（770℃）表示铁素体的磁性转变温度，230℃水平线表示渗碳体的磁性转变温度。

3）典型 $Fe\text{-}Fe_3C$ 合金显微组织演变。如图 2-26 所示，按照含碳量划分，铁碳合金相图可以分为：①工业纯铁，$w_C < 0.0218\%$；②共析钢，$w_C = 0.77\%$；③亚共析钢，$0.0218\% < w_C < 0.77\%$；④过共析钢，$0.77\% < w_C < 2.11\%$；⑤共晶白口铸铁，$w_C = 4.30\%$；⑥亚共晶白口铸铁，$2.11\% < w_C < 4.30\%$；⑦过共晶白口铸铁，$4.30\% < w_C < 6.69\%$。实际生产上，所有钢和铸铁的含碳量（w_C）都少于6.7%。

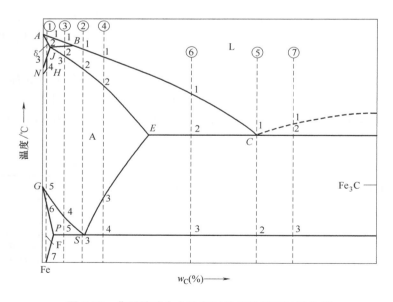

图 2-26 典型铁碳合金冷却时的组织转变过程分析

共析钢②（$w_C = 0.77\%$）的显微结构是通过非常缓慢的冷却得到的，冷却过程中结晶示意图如图 2-27 所示，合金溶液在 1~2 点按匀晶转变结晶出奥氏体，当温度冷却至 3 点时，就会共析生成两相（α 和 Fe_3C）所形成的层片交替重叠的混合物，称为珠光体（图 2-28）。其中片层较厚且颜色较浅的是铁素体相，较薄且颜色较深的是渗碳体，厚度比约为 8∶1。从力学性能上来说，珠光体的力学性能是介于柔软、延展性好的铁素体和坚硬而且较脆的渗碳体之间的中间性质。另外，珠光体的层片间距随冷却速度增大而减小，珠光体层片越细，其强度越高，韧性和塑性也越好。

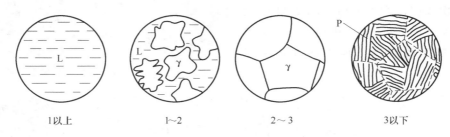

图 2-27 共析钢结晶示意图

亚共析钢③（$w_C = 0.4\%$）在冷却过程中结晶示意图如图 2-29 所示。合金在 1~2 点发生匀晶转变结晶出 δ 固溶体，冷却至 2 点发生包晶反应，2~3 点凝固成奥氏体，3 点以后为单相奥氏体，4 点以后开始析出铁素体，5 点时共析转变为珠光体，该合金的室温组织为先共析铁素体和珠光体。在珠光体冷却形成的铁素体相叫作共析铁素体，然而在该温度之上形成的另外一种铁素体叫作先共析铁素体。在 $w_C = 0.0218\% \sim 0.77\%$ 范围内，珠光体的量随含碳量的增加而增加。图 2-30 所示为 $w_C = 0.6\%$ 亚共析钢的室温显微组织。

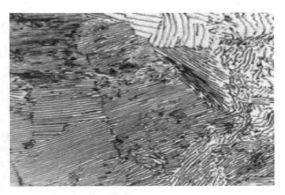

图 2-28 共析钢中珠光体室温显微组织

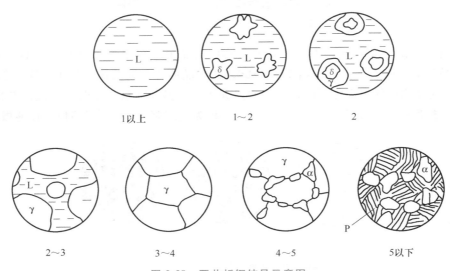

图 2-29 亚共析钢结晶示意图

过共析钢④（$w_C = 1.2\%$）在冷却过程中结晶示意图如图 2-31 所示。合金在 1~2 点发生匀晶转变结晶出单相奥氏体。冷却至 3 点开始从奥氏体中析出二次渗碳体，在 4 点，发生恒温的共析转变，最后得到网状的二次渗碳体和珠光体。图 2-32 所示为 $w_C = 1.4\%$ 的过共析钢，由白色先共析渗碳体呈网状围绕着珠光体团的金相组织照片。

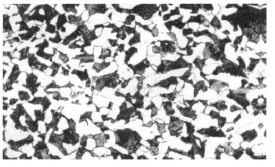

图 2-30　$w_C = 0.6\%$ 亚共析钢的室温显微组织

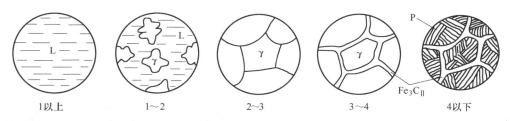

| 1以上 | 1~2 | 2~3 | 3~4 | 4以下 |

图 2-31　过共析钢结晶示意图

图 2-32　$w_C = 1.4\%$ 过共析钢的室温显微组织

共晶白口铸铁⑤（$w_C = 4.3\%$）在冷却过程中结晶示意图如图 2-33 所示。合金溶液在 1 点发生共晶反应，$L_C \longrightarrow (A_E + Fe_3C) \longrightarrow Ld$，此共晶体称为莱氏体（Ld），继续冷却至 1~2 点之间，共晶体中的奥氏体不断析出二次渗碳体，当温度降至 2 点时，奥氏体共析转变形成珠光体，最后得到的组织是室温莱氏体 L'd，称为变态莱氏体（图 2-34），性能极脆、硬。

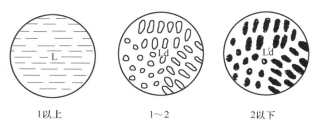

| 1以上 | 1~2 | 2以下 |

图 2-33　共晶白口铸铁结晶示意图

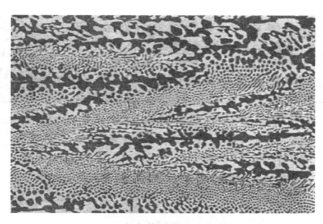

图 2-34 变态莱氏体室温显微组织

亚共晶白口铸铁⑥（$w_C = 3.0\%$）在冷却过程中结晶示意图如图 2-35 所示。合金溶液在 1~2 点结晶出奥氏体，温度达到 2 点时，初生奥氏体 $w_C = 2.11\%$，液相 $w_C = 4.3\%$，发生共晶转变生成莱氏体，当温度到 3 点，所有奥氏体共析转变为珠光体。室温显微组织为珠光体、变态莱氏体、二次渗碳体（图 2-36）。

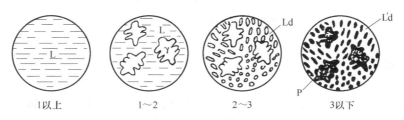

图 2-35 亚共晶白口铸铁结晶示意图

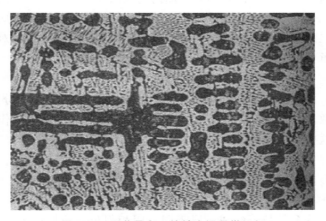

图 2-36 亚共晶白口铸铁室温显微组织

过共晶白口铸铁⑦（$w_C = 5.0\%$）在冷却过程中结晶示意图如图 2-37 所示。合金在 1~2 点之间结晶出渗碳体，先共晶相为一次渗碳体，以条状形态生长，其余转变与共晶白口铸铁相同。室温平衡组织为变态莱氏体与一次渗碳体（图 2-38）。

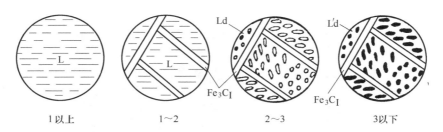

图 2-37　过共晶白口铸铁结晶示意图

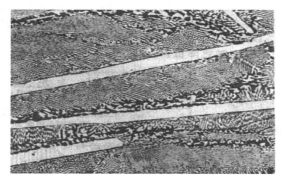

图 2-38　过共晶白口铸铁室温显微组织

2.2.5　表面与界面

严格来说，界面包括外表面（自由表面）和内界面。外表面是指固体材料与气体或液体的分界面，它与摩擦、磨损、氧化、腐蚀、偏析、催化、吸附现象，以及光学、微电子学等均密切相关；而内界面可分为晶粒边界和晶内的亚晶界面、孪晶界、层错及相界面等。

界面通常包含几个原子层厚的区域，该区域内的原子排列甚至化学成分往往不同于晶体内部，又因为它是二维结构分布，故也称为晶体的面缺陷。界面的存在对晶体的物理、化学和力学等性能产生重要的影响。

1. 外表面

在晶体表面上，原子排列情况与内部不同。这里每个原子都是部分地被其他原子包围着，它的相邻原子数比晶体内部少。另外，由于成分偏聚和表面吸附的作用，往往导致表面成分与体内不一。这些均将导致表面层原子间结合键与晶体内部不相等。故表面原子就会偏离其正常的平衡位置，并影响到临近的几层原子，造成表层的点阵畸变，使它们的能量比内层原子高，这几层高能量的原子层被称为表面。

2. 晶界和亚晶界

多数晶体物质由许多晶粒所组成，属于同一固相但位相不同的晶粒之间的界面称为晶界，它是一种内界面；而每个晶粒有时又由若干个位相稍有差异的亚晶粒所组成，相邻亚晶粒间的界面称为亚晶界。晶粒的平均直径通常在 $0.015 \sim 0.25mm$ 范围内，而亚晶粒的平均直径则通常为 $0.001mm$ 数量级。

为了描述晶界和亚晶界的几何性质，须说明晶界的取向及其两侧晶粒的相对位向。二维点阵中晶界的几何关系可用图 2-39 来描述，即晶界位置可用两个晶粒的位向差 θ 和晶界相对于一个点阵某一平面的夹角 ϕ 来确定。而三维点阵的晶界几何关系应由五个位向角度确定。设想将图 2-40a 所示的晶体沿 xOz 平面切开，然后让右侧晶体绕 x 轴旋转，这样就会使两个晶体之间产生位向差。同样，右侧晶体还可以绕 y 轴或 z 轴旋转。因此，为了确定两个晶体之间的位向，必须给定三个角度。现在再来考虑位向差一定的两个晶体之间的界面。如图 2-40b 所示，若在 xOz 平面有一个界面，将这个界面绕 x 轴或 z 轴旋转，可以改变界面的位置；但绕 y 轴旋转时，界面的位置不变。显然，为了确定界面本身的位向，还需要确定两个角度。这就是说，一般空间点阵中的晶界具有五个自由度。

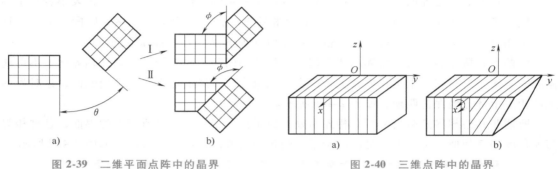

图 2-39　二维平面点阵中的晶界　　　　图 2-40　三维点阵中的晶界

根据相邻晶粒之间位向差 θ 角的大小不同可将晶界分为两类：①小角度晶界——相邻晶粒位向差小于 10° 的晶界，亚晶界均属于小角度晶界，一般小于 2°；②大角度晶界——相邻晶粒位向差大于 10° 的晶界，多晶体中的晶界大多数属于此类。

3. 孪晶界

孪晶是指两个晶体（或一个晶体的两部分）沿一个公共晶面构成镜面对称的位向关系，这两个晶体就称为"孪晶"，此公共晶面就称孪晶面。

孪晶界可以分为两类：共格孪晶界和非共格孪晶界，如图 2-41 所示。

共格孪晶界就是孪晶面，如图 2-41a 所示。在孪晶面上的原子同时位于两个晶体点阵的结点上，为两个晶体所共有，属于自然的完全匹配，是无畸变的完全共格晶面。这种孪晶界较为常见。

如果孪晶界相对于孪晶面旋转一个角度，即可得到另一种孪晶界——非共格孪晶界，如

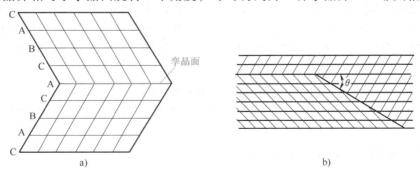

图 2-41　面心立方晶体的共格孪晶界和非共格孪晶界

a）共格孪晶界　b）非共格孪晶界

图 2-41b 所示。此时孪晶界上只有部分原子为两部分晶体所共有，因而原子错排较为严重。

4. 相界

具有不同结构的两相之间的分界面称为相界。

按照结构特点，相界面可分为共格相界、半共格相界和非共格相界三种类型。

所谓共格相界是指界面上的原子同时位于两相晶格的结点上，即两相的晶格是彼此衔接的，界面上的原子为两者共有。图 2-42a 所示是一种无畸变的具有完全共格关系的相界，其界面能很低。但是理想的完全共格界面，只有在孪晶界且孪晶界即为孪晶面时才可能存在。对相界而言，其两侧为两个不同的相，即使两个相的晶体结构相同，其点阵常数也不可能相等，因此在形成共格界面时，必然在相界附近产生一定的弹性畸变，晶面间距较小者发生伸长，较大者产生压缩，如图 2-42b 所示，以互相协调，使界面上的原子达到匹配。显然，这种共格相界的能量相对于具有完全共格关系界面（如孪晶界）的能量要高。

所谓半共格相界是指两相邻晶体在相界面处的晶面间距相差较大，则在相界面上不可能做到完全的一一对应，于是在界面上将产生一些位错，以降低界面的弹性应变能，这时界面上两相原子部分地保持匹配，如图 2-42c 所示。

所谓非共格相界是指当两相在相界面处的原子排列相差很大时所产生的界面，这种相界与大角度晶界相似，可以看成是由原子不规则排列很薄的过渡层构成的，如图 2-42d 所示。

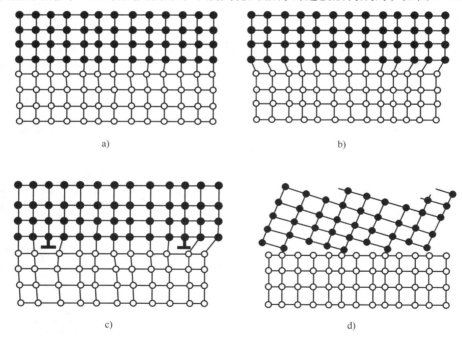

a)   b)

c)   d)

图 2-42 各种形式的相界

a) 具有完全共格关系的相界 b) 具有弹性畸变的共格相界 c) 半共格相界 d) 非共格相界

2.3 材料性能与材料的应用

材料分为天然材料和人工材料两大类。自然界赋予了天然材料特有的组成、结构和天然属性（性能）。人工材料则经历了成分选择确定、制备工艺实施，实现相应组织结构等，最终获得一定性能的完整过程。成分、工艺、结构和性能这四个材料链环中的环节通常称为材料的四要素，它们既有相互独立的内涵，又相互联系、密不可分。成分的选择大致确定了可行的制备工艺，工艺则决定了结构，而结构又决定了性能。因此材料的四要素及它们之间的相互联系都是材料科学研究的核心内容。

任何有关材料的研究，其终极目标都是应用。材料在服役过程中，为了保持设计要求的外形和尺寸，保证在规定的期限内安全运行，要求材料的某一方面（或某几方面）的性能达到规定要求，这种性能通常称为使用性能。例如，受力机械零件需要刚度、强度、塑性较高的材料；刀具需要具有高硬度和一定韧性的材料；桥梁、锅炉等大型构件需要韧性较高的材料；在高温环境下工作的机件需要抗蠕变性能高和抗氧化性能好的材料；在海水、化学气氛环境下工作的构件需要耐蚀性好的材料。

在考虑材料使用性能满足工作要求的同时，也要考虑其经济性，即尽可能低的设计、制造与维修费用，使产品具有竞争力。材料在制备、加工中的性能一般称为材料的工艺性能，它关乎材料是否能够经济、可靠地制造出来。材料的工艺性能是材料科学与工程研究的核心问题之一。

2.4　材料的性能需求与失效形式

材料的使用性能是表征材料在"给定外界物理场刺激"下产生的响应行为或表现。所谓"给定外界物理场刺激"，既可以是一种场，也可以是两种或两种以上场的叠加；对一些特定的材料，在一种外界物理场刺激下，也可能同时发生两种或两种以上不同的行为。在服役过程中，材料有可能会发生诸如断裂失效、磨损失效、腐蚀失效、变形失效等多种失效形式。因此，研究材料的性能需求与失效形式具有重要意义。

2.4.1　材料的性能需求

本部分主要针对材料的使用性能进行介绍。材料的使用性能包括力学性能、物理性能和化学性能三类。材料的力学性能是指材料在承受各种载荷时的行为。载荷的类型通常分为静载荷、动载荷和变载荷。材料的物理性能主要包括材料的电学性能、磁学性能、热学性能。材料的耐环境性能包括金属材料的腐蚀、高分子材料的老化两个方面，亦即材料的化学性能。根据不同的材料类型及不同的使用场景，材料有着不同的性能需求。下面主要介绍材料的力学性能和物理性能。

1. 材料的力学性能

（1）弹性　物体在外力作用下其形状和尺寸发生了改变，当外力卸除后，物体又回复到原始形状和尺寸，这种特性称为弹性。弹性极限是描述材料力学特性的重要指标，弹性极限是指材料产生完全弹性变形时所承受的最大应力值，用 σ_e 表示。弹性模量在工程上被称为材料刚度，是指材料在弹性状态下应力与应变的比值，也称为杨氏模量，用字母 E 表示。弹性模量的几何意义是应力-应变曲线上直线段的斜率，而物理意义是产生 100% 弹性变形所需要的应力，单位为 MPa。

39

（2）塑性　材料在断裂前发生不可逆永久变形的能力称为塑性。常用的塑性判据是材料断裂时最大相对塑性变形，如拉伸时的断后伸长率和断面收缩率。其中，断后伸长率是指试样拉断后标距的伸长与原始标距之比；断面收缩率是指试样拉断后缩颈处横截面积的最大缩减量与原始横截面积的百分比。

（3）强度　强度是指材料在外力作用下抵抗变形和断裂的能力。材料的强度主要用比例极限、弹性极限、屈服极限（屈服强度）和抗拉强度来描述。其中，比例极限是指在拉伸过程中材料保持应力与应变呈正比例关系的最大应力，以 σ_p 表示，单位是 MPa；弹性极限是指在拉伸过程中材料发生弹性变形的最大应力，以 σ_e 表示，单位为 MPa；弹性极限是指应力-应变曲线上由弹性变形过渡到塑性变形临界点所对应的载荷；在拉伸过程中出现载荷不增加而材料还在继续伸长的现象称为屈服，其中，上屈服强度是指试样发生屈服而力首次下降前的最大应力，下屈服强度是指当不计初始瞬时效应时屈服阶段中的最小应力，单位均为 MPa；抗拉强度是指材料在试样拉断前所承受的最大应力值。

（4）硬度　硬度是衡量材料软硬程度的指标。它是表征材料的弹性、塑性、强度和韧性等一系列不同物理量组合的一种综合性能指标。硬度试验设备简单，操作迅速方便，又可直接、非破坏性地在零件或工具上进行试验。根据测试方法的不同，硬度的衡量方法主要有布氏硬度、洛氏硬度、维氏硬度、肖氏硬度等。

（5）疲劳极限　疲劳极限是指材料或构件在循环应力或应变作用下，经一定循环次数后发生损伤和断裂的现象。与静载荷下的失效不同，疲劳失效的基本特点主要为：疲劳断裂是在低应力下的脆性断裂。由于造成疲劳破坏的循环应力峰值或幅值可以远小于材料的弹性极限，断裂前的材料或构件不会产生明显的塑性变形，发生断裂也较突然。这种没有征兆的断裂是工程界最为忌讳的失效形式。疲劳断裂属于延时断裂。静载荷下，当材料所受的力超过抗拉强度时，就立即产生破坏。疲劳破坏是一个长期的过程，在循环应力作用下，材料往往要经过几百次，甚至几百万次才能产生破坏，因此预测疲劳寿命是十分重要的。疲劳过程是一个损伤累积的过程，在循环过程中，材料内部组织逐渐变化，并在某些区域内首先产生损伤，进而逐步累积起来，当其达到一定程度后便产生疲劳断裂。

（6）蠕变极限　对于在高温下长时间工作的构件，虽然所承受的载荷小于工作温度下材料的屈服强度，但在长期使用过程中，会产生缓慢而连续的塑性变形，使其形状尺寸日益增大以致最终破裂。因此，对于高温长时间工作的材料，其变形抗力和断裂抗力的研究与评定就是重要一环。材料在长时间的恒载荷作用下发生缓慢塑性变形的现象称为蠕变，由此导致的断裂称为蠕变断裂。发生蠕变所需的应力可以很低，甚至远低于高温屈服强度；而发生蠕变的温度则是相对的，蠕变在低温下也会发生，但只有在工作温度 T 与熔点温度 T_m 的比值（T/T_m）高于 0.3 时才较显著，所以通常称为高温蠕变。常用的蠕变性能指标包括蠕变极限和持久强度。其中，蠕变极限是指在给定的温度 T（℃）下和规定的试验时间 t（h）内，将使试样产生一定蠕变伸长量的应力作为蠕变极限，来表征材料抵抗蠕变变形的抗力；持久强度是指与室温下的情况一样，材料在高温下的变形抗力与断裂抗力是两种不同的性能指标，将试样在给定温度 T（℃）经规定时间 t（h）发生断裂的应力作为持久强度。

（7）韧度　韧度是衡量材料韧性大小的力学性能指标，是指材料断裂前吸收变形功和断裂功的能力。韧性和脆性是相反的概念，韧性越小，意味着材料断裂所消耗的能量越小，材料的脆性也就越大。根据试样的状态和试验方法，材料的韧度一般分为三类：静力韧度、冲击韧度和断裂韧度。

（8）摩擦和磨损 摩擦是两个相互接触的物体相对运动（滑动、滚动、滑动和滚动同时进行）时产生阻碍运动的现象。由于摩擦而造成的材料表面质量损失、尺寸变化的现象称为磨损。磨损是摩擦的结果。根据运动状态不同，摩擦可以分为滑动摩擦和滚动摩擦；根据润滑状态不同，摩擦又可分为润滑摩擦和干摩擦。材料在一定摩擦条件下抵抗磨损的能力称为耐磨性，通常用磨损率的倒数来表示。磨损率是指材料在单位时间或单位距离内产生的磨损量。由于材料的耐磨性是一个系统性质，目前尚无统一的评定材料耐磨性的力学性能指标，因此人们通常采用"相对耐磨性"的概念，也即用一种"标准"材料作为参考试样，用待测材料与参考材料在相同磨损条件下进行试验的结果进行评定。

2. 材料的物理性能

（1）材料的电学性能 材料的电学性能主要用电阻率与电导率进行描述。电阻率是表征材料导电性的基本参数，用符号 ρ 来表示。电阻率值等于单位长度和单位面积的导电体的电阻值，它只与材料的本性有关，与其几何尺寸无关，单位为 $\Omega \cdot m$。其值越大，材料的导电性就越差。电导率用来表征材料的导电性能，定义电阻率的倒数为电导率，用符号 σ 表示，单位为 $\Omega^{-1} \cdot m^{-1}$ 或 S/m，其值越大，材料的导电性能越好。此外，材料在一定的低温条件下突然失去电阻的现象称为超导电性。超导态的电阻小于目前所能检测到的最小电阻，可以认为超导态没有电阻。

（2）材料的磁学性能 磁性是磁性材料的一种使用性能，磁性材料具有能量转换、存储或改变能量状态的性质，是重要的功能材料。

（3）材料的热学性能 材料的热学性能是表征材料与热（或温度）相互作用行为的一种宏观特性，包括热容、热膨胀、热传导、热辐射、热稳定性等。

1）热容。在没有相变或化学反应的条件下，材料温度升高1℃或1K时所需的热量 Q 称为该材料的热容，用 C 表示。为便于不同材料之间的比较，通常定义单位质量材料的热容为比热容或质量热容，用 c 表示，单位为 J/(kg·K) 或 J/(g·K)。另外，把1mol的材料温度升高1℃或1K时所需的热量称为摩尔热容，单位为 J/(mol·K)。

2）热膨胀。物体的体积或长度随温度升高而增大的现象称为热膨胀。通常用热膨胀系数来表征材料的热膨胀性能。单位长度的物体温度升高1℃时的伸长量称为线膨胀系数，以 α_l 表示；类似的，单位体积的固体温度升高1℃时的体积变化量称为体积膨胀系数，以 α_V 表示。固体材料的热膨胀系数不是一个常数，而是随温度的变化而变化的。

3）热传导。当固体材料两端存在温差时，热量就会从热端自动地传向冷端，这个现象就称为热传导。热传导的过程就是材料内部的能量传输过程。固体的导热包括电子导热、声子导热和光电子导热。在纯金属中，由于存在大量的自由电子，因此电子导热是主要机制；在合金中，声子对导热也有贡献，只是相比电子导热的作用是次要的；在半金属或半导体中，声子导热与电子导热相仿。

2.4.2 材料的失效形式

材料在外载荷和环境的共同作用下，会逐渐损失原有的物理、化学或力学性能，直至不能继续服役的现象称为失效。根据材料破坏的特点、所受载荷的类型和所处条件的不同，结构材料的失效形式可归纳为过量变形失效、断裂失效和表面损伤失效三大类。

1. 过量变形失效

过量变形失效是指零件或构件在外力作用下所发生的弹性变形和塑性变形，对零件或构件的使用寿命有重要影响，常出现由于变形超过了允许量而导致的零件或构件失效。过量变形失效包括过量弹性变形失效和过量塑性变形失效。其中，过量弹性变形失效是指零件或部件在一定的载荷作用下的弹性变形量超过了某个临界值，从而丧失工作能力；过量塑性变形失效是指零件或部件在一定外载荷作用下产生了过量的塑性变形，而导致该零件或部件与其他零件的相对位置发生变化，致使整个机器运转不良而产生的失效。

2. 断裂失效

断裂失效是指固体在外力和环境作用下分裂为若干部分的现象。材料的断裂意味着材料的彻底失效。材料的断裂包括裂纹的萌生和扩展两个过程。材料不同，引起断裂的条件各异，材料断裂的机理与特征也不尽相同。根据断裂前金属材料产生塑性变形量的大小，断裂可分为韧性断裂和脆性断裂。韧性断裂在断裂前产生较大的塑性变形，断口呈暗灰色的纤维状；脆性断裂在断裂前没有明显的塑性变形，断口平齐，呈光亮的结晶状。根据断裂面的取向，断裂可以分为正断和切断。断口的宏观断裂面与最大正应力方向垂直的称为正断，一般为脆性断裂，也可能是韧性断裂；断口的宏观断裂面与最大正应力方向呈45°的为切断，一般为韧性断裂。根据裂纹扩展的途径，断裂可以分为穿晶断裂和晶间断裂。裂纹在晶粒内部扩展并穿过晶界进入相邻晶粒，继续扩展直至断裂的称为穿晶断裂，这种断裂可能是韧性断裂，也可能是脆性断裂；裂纹沿晶界扩展导致断裂的称为晶间断裂，一般为脆性断裂。

零件在静载荷和冲击载荷作用下通常具有韧性断裂和脆性断裂两种形式。静载下评定材料抵抗断裂能力的指标有材料的抗拉强度、抗剪强度、抗扭强度及抗弯强度等。而评定材料韧性的力学性能指标主要是冲击韧性和断裂韧性，两者均对材料的成分和组成敏感。

零件在大小和方向随时间发生周期性变化的载荷作用下，经过较长时间的工作而发生断裂的现象称为疲劳断裂。与静载荷和冲击载荷下的断裂相比，疲劳断裂具有如下特点：①引起疲劳断裂的应力通常低于静载荷下的屈服强度；②断裂时无明显的宏观塑性变形，为脆性断裂；③疲劳断口能清楚地显示裂纹的形成（裂纹源区）、扩展（疲劳裂纹扩展区）和断裂（最后断裂区）三个阶段。

材料在长时间的恒温、恒应力作用下缓慢地产生塑性变形的现象称为蠕变。零件由于这种变形而引起的断裂称为蠕变断裂。不同材料出现蠕变的温度不同。

3. 表面损伤失效

表面损伤失效主要包括磨损、接触疲劳及表面腐蚀等。

磨损是指在机件表面互相接触并做相对运动而产生摩擦的过程中，会有微小颗粒从表面不断分离出来，形成尺寸和形状不同的磨屑，从而出现材料逐渐损失、机件尺寸变化和质量损失的现象。磨损不仅影响机件的使用寿命，还将增加能耗，产生噪声和振动，造成环境污染。磨损是多种因素相互影响的复杂过程，根据摩擦面损伤和破坏的形式，大致可以分为黏着磨损、磨粒磨损、腐蚀磨损和疲劳磨损四类。

腐蚀是材料表面和周围介质发生化学反应（化学腐蚀）或电化学反应（电化学腐蚀）所引起的表面损伤现象。在化学腐蚀过程中不产生电流，而在电化学腐蚀过程中会产生电流。根据其特点，腐蚀可以分为高温氧化腐蚀、电化学腐蚀、应力腐蚀和疲劳腐蚀四类。

42

思　考　题

1. 在立方晶系中绘出 {110}、{111} 晶面族所包括的晶面，以及（112）和（110）晶面。

2. 计算面心立方结构中（111）、（110）与（100）面的面密度和面间距。

3. 以六方晶体的三轴 a、b、c 为基，确定其八面体和四面体间隙中心的坐标。

4. 按解析几何证明立方晶系的 $[hkl]$ 方向垂直于（hkl）面。

5. 三种常见的金属晶格分别为：_____、_____、_____。

6. 面心立方结构晶格中，晶胞原子数为_____个；原子半径与晶格常数的关系为_____；配位数是_____；致密度是_____。

7. 三种典型金属晶体结构的间隙类型是什么？间隙数目分别是多少？

第 3 章

复合材料基础

在《材料科学技术百科全书》和《材料大辞典》中，复合材料的定义是由有机高分子、无机非金属、金属等几类不同材料通过复合工艺组合而成的新型材料。它与一般材料的简单混合有本质区别，既保留原组成材料的重要特色，又通过复合效应获得原组分所不具备的性能，可以通过材料设计使原组分的性能与其他组分的性能相互补充并彼此关联，从而获得更优越的性能。根据此定义可知，复合材料主要是指人工特意设计的复合材料，而不包括自然复合材料及合金和陶瓷这一类多相体系。本章将在第 2 章介绍的材料学基本概念与基础理论的基础上，详细介绍复合材料的基本概念、分类方法、特征、性能及其设计与制备，为后续章节天然生物材料及仿生材料的学习奠定理论基础。

3.1 复合材料的基本概念与分类方法

3.1.1 复合材料的基本概念

1. 复合材料的定义

复合材料的定义有多种，一般定义为：用经过选择含有一定数量比的两种或两种以上的组分（或组元），通过人工复合，组成多相、三维结合且各相之间有明显的界面、具有特殊性能的新材料。复合材料是由异质、异性、异形的有机聚合物、无机非金属、金属等材料作为连续相的基体或弥散相的增强体，通过复合工艺组合而成的材料。简单地说，复合材料是由两种或两种以上不同性质或不同组织相的物体，通过物理或化学的方法，在宏观上组成新性能的材料。

对复合材料的定义和解释虽有许多说法，但有两点是一致的：①复合材料应该是多相体系；②多相的组合必须有复合效果。各种材料在性能上互相取长补短，产生协同效应，使复合材料的综合性能优于原组成材料而满足各种不同的要求。简单地说，就是要做到 "1+1>2"。随着复合材料中弥散相尺度向微细化方向发展，有人将复合材料和纳米复合材料定义为：复合材料是两种或两种以上不同材料的组合，且在组合中要使二者的性能发挥到极致；

纳米复合材料是一种复合材料，其组元之一至少在一维上是纳米尺度的，即在 10^{-9} m 上下，根据其处于纳米范围的维数，可分别归类为纳米颗粒、纳米纤维、纳米板等复合材料。

2. 复合材料的组成

复合材料的含义有广义和狭义之分：广义的指由两个或多个物理相组成的固体材料，如纤维增强聚合物、钢筋混凝土、石棉水泥板、橡胶制品、三合板等，甚至包括泡沫塑料或多孔陶瓷等以气体为一相的材料；狭义的指用高性能玻璃纤维、碳纤维、硼纤维、芳纶纤维等增强的塑料金属和陶瓷材料。

实际上，就两种或两种以上不同物质组成的材料称为复合材料而言，人们与它的接触已经有几千年的历史了，如公元前 2000 多年人们就开始用草和泥土组成的复合材料来建造住房。公元前 180 多年的漆器，基本上可以认为是由麻丝、麻布等天然纤维为增强材料而以大漆为基体所制成的复合材料。同期也已经有了用大漆、木粉、泥土、麻布等组成的复合材料塑造寺庙的佛像（佛教于东汉年间最早传入中国）。这类材料体积大、重量轻、质地坚韧、耐久性强，类似于近代的增强复合材料。

近代复合材料的发展却是近几十年的事。由于航空航天、核能、电子工业及通信技术的发展，对材料的要求不断提高，加上 20 世纪正值合成聚合物的大量开发和商品化阶段，各种人工制造的无机及有机增强材料如玻璃纤维、碳纤维、聚芳酰胺纤维等不断问世，出现了现代的复合材料。

3. 复合材料的命名

复合材料根据增强材料与基体材料的名称来命名。

（1）强调基体时以基体为主　如树脂基复合材料、金属基复合材料（Metal-Matrix Composites，MMCs）、陶瓷基复合材料（Ceramic-Matrix Composites，CMCs）等。

（2）强调增强材料时以增强材料为主　如碳纤维增强复合材料、玻璃纤维增强复合材料等。

（3）基体与增强材料并用　这种命名法常用于一种具体的复合材料。一般将增强材料的名称放在前面，基体材料的名称放在后面，再加上"复合材料"。如碳纤维和环氧树脂组成的复合材料，可命名为碳纤维环氧树脂复合材料，有时也叫碳纤维增强环氧树脂复合材料，简化时常常写成碳/环氧复合材料，即在增强材料与基体材料两个名称之间加以斜线，而后加"复合材料"。

有时人们还习惯用一些通俗名称。例如，玻璃纤维增强树脂复合材料统称为玻璃钢，因为玻璃纤维增强树脂复合材料的一些力学性能可与钢材媲美而得名。注意这是我国惯用的名称，在国际上并不通用。树脂是塑料的主要成分，因此树脂基复合材料又称为增强塑料。塑料通常为各向同性材料，而纤维增强复合材料往往是各向异性的，一般将短纤维或粉末增强材料称为增强塑料更为合理。

4. 复合材料的界面

（1）界面的定义　复合材料一般有两个相：一相为连续相，称为基体；另一相是以独立的形态分布在整个基体中的弥散相，称为增强相（增强体、增强剂）。因此，复合材料是一种混合物，它由基体材料、增强材料和界面层组成。复合材料的界面是指复合材料的基体与增强材料之间化学成分有显著变化的、构成彼此结合的、能起载荷等传递作用的微小区域。

复合材料中的界面并不是一个单纯的几何面，而是一个多层结构的过渡区域。界面区是从与增强剂内部性质不同的某一点开始，直到与连续相内整体性质一致的过渡区域。此区域的结构与性质都不同于两相中的任一相。从结构来分，这一界面区由五个亚层组成，每一亚层的性能均与连续相和增强剂的性质、偶联剂的品种和性质、复合材料的成型方法等密切相关。

（2）界面的效应　基体与增强材料之间大量界面的存在是复合材料的明显特征。一般说来，界面效应主要有传递效应、阻断效应、不连续效应、散射和吸附效应、诱导效应等。其中，传递效应是指界面能传递力，在基体与增强物之间起桥梁作用；阻断效应是指界面有阻止裂纹扩展、中断材料破坏、减缓应力集中的作用；不连续效应是指在界面上产生物理性能的不连续性和界面摩擦的现象，如抗电性、电感应性、磁性、耐热性、尺寸稳定性等；散射和吸附效应是指光波、声波、热弹性波、冲击波等在界面产生散射和吸收，如透光性、隔热性、隔声性、耐机械冲击及耐热冲击性等；诱导效应是指一种物质（通常为增强物）的表面结构使另一种（通常为聚合物基体）与之接触的物质的结构由于诱导作用而发生改变，由此产生一些现象，如强的弹性、低的膨胀性、耐冲击性、耐热性等。

5. 复合材料的发展史

复合材料的发展史与材料的发展史相互交融，密不可分。如远古时代的篱笆墙，现在的非洲原始部落仍在沿用。我国的漆器、城墙砖的黏结材料等均是复合材料，特别值得一提的是，春秋时期（距今约 2500 年）越王勾践的宝剑是由青铜合金组成的，其主要由铜、锡，以及少量的铝、铁、镍、硫等按照严格的配比组成的。剑戟含铜较多，能使剑的韧性好，不易折断。而刃部锡含量高，硬度大，使剑非常锋利。花纹处硫含量高，硫化铜可以防止锈蚀，以保持花纹的艳丽。虽然是同一把剑，不同部位却有着不同金属配比的铸造工艺，这种工艺称为复合金属工艺——功能梯度。复合金属工艺在世界上很多国家都是近代才开始出现的，而我国早在 2000 多年前的春秋时期，就已经掌握了这项技术。此外，采用两次铸造技术在其刃部复合一层含锡量较高的青铜，并在锡青铜的表面涂覆一层硫化铜（含铬和镍）制成花纹，使其内柔外刚，刚柔相济，可看成最早的包层金属复合材料。1965 年，该宝剑在湖北江陵楚墓出土时，宝剑仍锋利无比，寒光逼人，20 页的宣纸能轻轻划破，着实令人叹为观止。

近代的复合材料是以 1942 年制出的玻璃纤维增强塑料为起点的，随后相继开发出了硼纤维、碳纤维、氧化铝纤维，同时开始对金属基复合材料展开研究。纵观复合材料的发展过程，可以将其分为四个阶段。

第一阶段：1940—1960 年，主要以玻璃纤维增强塑料为标志。

第二阶段：1960—1980 年，主要以碳纤维、Kevler 纤维增强环氧树脂复合材料为标志，并被用于飞机、火箭的主要承力件上。

第三阶段：1980—1990 年，主要以纤维增强铝基复合材料为标志，我国上海交通大学、东南大学等主导研究了氧化铝纤维增强铝基复合材料，东南大学吴申庆教授将其应用于铝活塞，显著提高了活塞火力岸的耐热性和耐磨性，成倍延长了活塞的使用寿命，并在德国马勒公司得到推广应用。

第四阶段：1990 年至今，主要以多功能复合材料为主，如智能复合材料、功能梯度复合材料等。

6. 复合材料的发展方向

（1）功能复合材料 过去的复合材料主要集中在结构应用。目前，充分利用复合材料设计自由度大的特点，已拓展到功能复合材料领域，具体如下：

电功能：有导电、超导、绝缘、吸波（电磁波）、半导体、电屏蔽或透过电磁波、压电与电致伸缩等。

磁功能：有永磁、软磁、磁屏蔽和磁致伸缩等。

光功能：有透光、选择滤光、光致变色、光致发光、抗激光、X射线屏蔽和透X光等。

声功能：有吸声、声纳、抗声纳等。

热功能：有导热、绝热与防热、耐烧蚀、阻燃、热辐射等。

机械功能：有阻尼减振、自润滑、耐磨、密封、防弹等。

化学功能：有选样吸附和分离、耐腐蚀等。

功能复合材料的研究成果与应用已与结构复合材料并驾齐驱，同放异彩！

（2）多功能复合材料 充分运用复合材料的多样性，发展多功能复合材料，甚至功能与结构复合的新型复合材料，如隐身飞机的蒙皮采用了吸收电磁波的功能复合材料，而其本身又是高性能的结构复合材料。多功能复合材料是复合材料发展的方向之一。

（3）机敏复合材料 机敏材料是指具有传感功能的材料与具有执行功能的材料通过某种基体复合在仪器中的功能复合材料。当连接外部功能处理系统，可把传感器给出的信息传达给执行材料，使之产生相应的动作，从而构成机敏复合材料系统。机敏复合材料可实现自诊断、自适应和自修复等功能，广泛应用于航空航天、建筑、交通、卫生、水利、海洋等领域。

（4）智能复合材料 智能复合材料是在机敏复合材料的基础上增加了人工智能系统，对传感信息进行分析、决策，并指挥执行材料做出相应的优化动作。显然，智能复合材料对传感材料和执行材料的灵敏度、精确度和响应速度均提出了更高的要求，是功能复合材料发展的最高境界。

（5）纳米复合材料 纳米复合材料是复合材料的研究热点之一，包括有机-无机纳米复合材料和无机-无机纳米复合材料两大类。有机-无机纳米复合材料又分为三种：①共价键型，采用凝胶溶胶法制备，无机组分硅或金属烷基化合物经水解、缩聚等反应形成硅或金属氧化物的纳米粒子网络，有机组分以高分子单体引入网络，原位聚合形成；②配位键型，是将功能无机盐溶于带配合基团的有机单体中，使之形成配位键，然后进行聚合，形成纳米复合材料；③离子型，是通过对无机层状物插层制得，层状硅酸盐的片层之间表面带负电，先用阳离子交换树脂借助静电吸引作用进行插层，而该树脂又能与某些高分子单体或熔体发生作用，从而形成纳米复合材料。无机-无机纳米复合材料一般采用原位反应法制得，如通过原位反应在陶瓷基或金属基体中反应产生无机纳米颗粒，制备无机-无机纳米复合材料。

（6）仿生复合材料 依靠大自然的进化，万事万物基本上都是复合结构的物质，且结构非常合理，可以认为是最佳选择，这也是复合材料研究的重要参考对象。例如，贝壳是由无机成分与有机成分呈层状交替叠层而成，具有很高的强度和韧性；竹子结构也是一种典型的复合结构，表层为篾青，纤维外密内疏，并呈反螺旋分布。

（7）分级结构复合材料 分级结构尚无统一的定义，一般是指不同尺度或不同形态的多相物质相对有序排列所形成的结构。该结构常见于大自然中，如蜘蛛网、竹子、树木等。目前，分级结构已被应用于制备生物材料、高分子材料和陶瓷材料。而如何组建分级结构，形成新型结构复合材料是复合材料研究的最新方向。

3.1.2　复合材料的分类方法

随着科技的迅猛发展，出现的复合材料的种类越来越多，因而需要对复合材料进行分类。复合材料的分类方法有很多，常见的分类方法如图 3-1 所示。

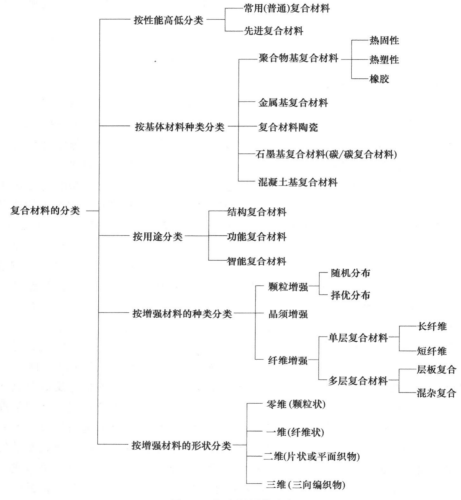

图 3-1　复合材料的分类

这里重点介绍以下天然复合材料。

1. 生物材料

（1）生物材料的定义　从广义讲，一切与生命有关的材料，无论是合成材料还是天然材料，均可称为生物材料。我国学者提出的生物材料的定义是：能够替代、增强、修复或矫正生物体内器官、组织、细胞或细胞主要成分的功能材料。生物材料包括：①仿生材料，如蜘蛛丝、昆虫翼、生物钢（蛋白质）材料等；②生物医用材料，如骨、血管、血液、心脏瓣膜材料等；③生物灵性材料，即在电、光、磁等作用下具有伸缩等功能的类似智能材料。

在生物环境中，生物材料所接触的除了无生物物质，更有器官、组织、细胞、细胞器，以及生物大分子等不同层次的大量有机体。因此，作为生物材料，首先应能与这些活的有机体相互容纳；另外，还应根据其使用目的而具备必要的物理、力学性能和不同层次的生物功能。在科学上，生物材料已成为现代生物工程、医学工程，以及药物制剂等进步发展的重要物质支柱；同时，生物材料与生命物质间相互作用的本质的阐明，以及两者间界面分子结构的探索，对于生命科学的发展也具有十分重要的意义。

（2）生物材料按其生物性能分类　根据材料的生物性能，生物材料可分为生物惰性材料、生物活性材料、生物解体材料和生物复合材料四类。根据材料的种类，生物材料大致上可以分为医用金属材料、医用高分子材料、生物陶瓷及玻璃材料、生物医学复合材料、生物医学衍生材料等数种。

（3）生物材料按其属性的分类

1）金属及合金生物材料。尽管金属与人体组织的性质迥异，其之所以被用在人体上，乃是因为金属具有很高的强度、硬度或导电性，而这些特性是当人体某部分或器官被取代时所必需的。目前移植用的金属大约有一半是由不锈钢制成的，另外一半是由钴-铬合金制成的。不锈钢如果处理得当，具有很好的耐蚀性，可以用到很多方面的移植中。钴-铬合金的力学性能稍优于不锈钢，且在生物体内具有很高的耐蚀性，主要用在矫形术上，如骨夹板、骨钉、人造关节、牙科移植及电刺激用线等。钛及其合金具有高度的耐蚀性及较低的密度，已被广泛用于移植器材的制作上，大部分用在骨科及牙科的移植上。

2）聚合物生物材料。目前已有很多种聚合物材料被用于临床医疗上，大部分是作为软组织的取代物，这是因为聚合物材料可以制成各种形式，以符合所要取代的软组织的物理及化学性质。聚合物材料具有下列优点：①很容易制成各种用途的形式，如油性、固体、胶状体或者是薄膜；②与金属及合金相比，其在体内较不易受到侵蚀，但并不意味着它不会产生降解变质；③由于聚合物材料和体内组织中的胶原很类似，使得它在植入体内后能和组织直接结合；④用于接合方面的聚合物材料，可以取代过去传统式的缝合方法，将体内受损的柔软组织及器官予以接合；⑤聚合物材料的密度（$1g/cm^3$）和人体组织很接近。

聚合物材料也有一些缺点：①其弹性模量较低，使得聚合物材料很难用于需要承受较大负载的用途；②由于聚合程度很难达到百分之百，使得它们在体内长久使用下，仍不免会产生退化的现象；③想得到不含其他添加剂（如抗氧化剂、抗变色剂或可塑剂）的高纯度医用级的聚合物材料是很困难的，因为大部分的聚合物材料均是经由大量的生产过程制作的。

3）陶瓷及玻璃生物材料。陶瓷在牙冠的使用上已经有很长一段时间，另外，如玻璃陶瓷会与骨骼组织形成特殊接合，生物能分解的磷酸钙陶瓷可用于永久移植，这些应用是因为陶瓷对体液不发生作用，并且具有较高的压缩强度及美观好看等特性。没有活性并具有相当大小孔径的陶瓷材料会诱使骨骼组织向孔内生长，因此可以用来作为关节的弥补物，而不必用骨黏合剂；生物能分解的磷酸钙陶瓷的成分与骨骼组织近似，植入骨内不会引起任何反应；玻璃陶瓷的表面会释放出离子与骨骼组织直接接合，以增进弥补物的固定性。

陶瓷材料在医学上的应用如下：①脸部骨头因癌症而切除，失去原来形状时，可利用陶瓷材料整容；②牙齿拔除后，将有孔隙的陶瓷材料填入，当软组织长入孔隙中，便可安装假牙；③耳后海绵状的乳突骨因病切除后，可用陶瓷材料补整形；④另外，陶瓷也可以镀在金属表面用作关节，可以使用较长的时间。

（4）生物材料的发展　金属及合金材料在人体的应用方面，主要是利用其优异的机械强度特性，以承受较大的应力变化，其次才是利用其导电的特性。聚合物材料在医学领域虽然已被广泛地应用，但仍有很多其他方面的应用不如其他材料。尤其是在硬组织的替代方面，聚合物材料不适合需要承受重力或磨损的用途，即使是软组织的替代，也尚需加强材料和人体组织的适应性。陶瓷材料最大的优点是它在人体中很稳定，且有适当孔隙的陶瓷可以让软组织及硬组织生长到里面，形成内部互相连接的结构，适合于长期的移植，但陶瓷材料也无法适用于所有移植，对于承受重力部分必须与金属或合金配合，有时必须与聚合物材料一起使用才能发挥它的功效。

总而言之，当人体的组织或内部器官因疾病或意外伤害所造成的缺损影响到外形或功能的完整性时，其最大的希望是同种器官的移植，但是同种器官移植除了不容易找到，还会遭遇到生物体的自然抗体、免疫反应及对外来物的排斥等。所以其最后希望便是换一个由生物材料制成的人造器官。外形的缺损也可以利用生物材料加以整形。如日常生活中常见的换肤、整容、隆乳等，使失去的功能恢复，让人恢复正常的生活及生命活力。这是医学史上的一大进展，已被公认为健康医疗上的伟大成就并将继续取得进步。

2. 天然复合材料——木材的断面组织

树干典型的横断面包括以下结构：树皮、韧皮部（又称内树皮）、形成层、木质部、髓心和年轮，如图3-2所示。下面详细介绍各层的结构和作用。

（1）树皮　指树茎以外的所有组织（广义的树皮包含韧皮部）。树皮由死的细胞和组织构成，是树干最外层的结构，起保护作用。

（2）韧皮部　指树皮和形成层之间的组织，由筛管、伴胞、筛分子韧皮纤维和韧皮薄壁细胞等组成。韧皮部中含有筛管，主要起输送有机物质的作用。

（3）形成层　指位于木质部和韧皮部之间的一种分生组织。形成层的细胞可以分裂，不断产生新的木质部与韧皮部，使茎或根不断加粗（只有木本植物才有形成层，一般存在于裸子、双子叶植物中）。

（4）木质部　围绕着髓心有一圈圈的颜色深浅不同的同心圆，即为木质部。木质部由导管、管胞、木纤维和木薄壁

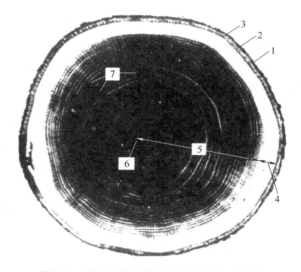

图3-2　树干的典型横断面及各部分的名称

1—树皮　2—内树皮　3—形成（新生）层　4—边材（白木质）　5—心材（实木质）　6—髓心　7—年轮

组织细胞，以及木射线组成。木质部中含有生活的细胞和储存物质，具有输导水分和无机盐功能的部分称为边材。在木质部内部已经停止储存和输导作用的部分，称为心材。与边材相比心材颜色较深也较为坚硬。

（5）髓心　指位于树干中心的由薄壁细胞组成的髓。髓心为木质部所包围，组织松软，用于沟通内外营养物质的横向运输，并且具有储存营养物质的作用。

（6）年轮　年轮是生长轮（生长层）的俗称，包括春材与秋材，通常情况下每一个生长季产生一个年轮（因树木所处环境的剧烈变换而产生的生长层称为假年轮，有些树种一个生长季可出现两个或多个生长轮，即双轮或复轮）。软木中的年轮如图3-3所示，年轮中早材（EW）部分的颜色要浅于晚材（LW）部分的颜色。

1）年轮的成因。木本植物形成层活动的活跃程度受到外界环境影响，以温带树木的形成层为例，形成层在春天开始活动，主要进行平周分裂（平行于表皮方向发生的分裂），向内和向外同时产生新细胞，分别构成次生木质部和次生韧皮部。而冬季时形成层的原始细胞处于休眠状态，到次年春天又开始活动，如此年复一年。由于这种季节性的生长，在树茎的横断面上形成年轮。位于热带或者亚热带的树木，由于季节变化不明显，形成层整年都处于活跃期，分裂形成木质部的速度并无明显的变化，故难以产生年轮或年轮不明显。

图 3-3　软木中的年轮

2）影响年轮形成的因素。影响年轮形成的主要因素是植物激素，激素中最重要的是生长素，它控制着形成层的分化。此外，植物体内的赤霉素和细胞分裂素等内源激素对于形成层原始细胞的分裂、分化，木质部分子细胞壁的加厚，以及早材至晚材的过渡等也有密切关系。除激素外，碳水化合物也是影响年轮形成的因素之一，如晚材中细胞壁显著加厚，则与碳水化合物的供应增多有着密切的关系。

3）年轮的组成：①春材，春季形成层活动时，原始细胞迅速向内分裂形成大量的木质部分子，此时形成的细胞的直径大，数目多，壁较薄，木纤维数量较少，因此材质显得比较疏松，颜色也较浅；②秋材，到了同年秋季，形成层的活动逐渐减弱，原始细胞的分裂速度也相应地减慢，分化形成的细胞直径较小，数量少，而木纤维的数量相应增多，这部分的材质比较致密，颜色一般也较深。一般而言，由于形成层分裂速度是逐渐变化的，同一年的春材与秋材之间没有明显的界线，不过在上一个生长季的秋材与下一个生长季的春材之间存在着明显的界线。

4）木材生长中的变异。随着树木的生长，同一种树年轮的密度（反映木材的结构与强度）、宽度（反映树木生长的快慢）等指标有着共性的变异，表现为径向的收缩与畸变和高度方向上的变异。

杉木年轮间的密度差异不大，基本处于同一水平，只有第二年的密度较大。随后年轮密度逐渐上升，直到30年以后开始下降。其中，晚材密度（0.5～0.6g/cm³）明显高于早材密度（0.3～0.4g/cm³）。

杉木年轮宽度随着年轮的增加而减小，特别是第6～16年，年轮宽度有着明显的下降，其后的下降则较为缓慢。

早材的宽度明显大于晚材宽度，但是早材宽度的变化趋势与年轮宽度的变化趋势基本相同，而晚材宽度随年轮的增加也呈下降趋势，只是下降速度较慢。

杉木年轮的宽度随着树高的增加先增大后减小，大约在2.3m处达到最大值（2.2mm），之后随着树高的增加开始减小，约在4.3m处达到最小值（1.46mm）。与年轮宽度的变化趋势相反，年轮密度随着树高的增加先减小后增大，约在2.3m处达到最小值（469kg）。

此外，木材在生长中还可能发生特性的变异。由于树木所处环境的不同及外力、砍伐、折断等的影响，树木的年轮并非规则的圆形，而是有凹有凸的曲线。此种变异因特定的环境不同而不同，并无明显的规律可循，如图3-4、图3-5所示。

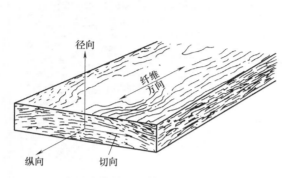

图3-4　木材当中的一组轴，纵向轴平行于木纹，切向轴平行于年轮，径向轴垂直于年轮

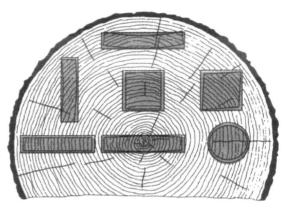

图3-5　一段树干的横截面，可以看出在切向、径向和沿年轮方向的收缩与畸变

3. 天然复合材料——木材的微观结构

（1）散孔硬木（糖枫）　糖枫（Sugar Maple），学名为Acer Saccharum，又名美洲糖槭，槭树科槭属。栖所：落叶林，美洲东北部；糖枫和黑糖枫的木材叫作硬枫木（Hard Naple），硬枫木木质坚硬、强韧、密度大。它的纹理细密，木质颜色很淡，抛光之后木材十分光滑。硬枫木被用于制作家具、单板、地板、鞋楦头、工具手柄和乐器。

图3-6是一段散孔硬木（糖枫）横断面的扫描电镜（SEM）照片。从照片中可以看出，通过年轮气孔的直径几乎相同，由单个气孔单元连接而成的导管结构清晰可见。

（2）环孔硬木（美国榆）　美国榆（American Elm），学名为Ulmusamericana Linn。原产美国，我国山东、北京、江苏等地有引种，树干很少通直。木材为散孔材，心材呈淡黄色，与边材区别不明显，边材色浅。木材具有光泽，无特殊气味，纹理直或略交错，结构细而均匀，木材重量中等，强度中等。木材纹理细腻而具有较强的立体感。

图3-7是一段环孔硬木（美国榆）横断面的扫描电镜（SEM）照片。从照片中可以

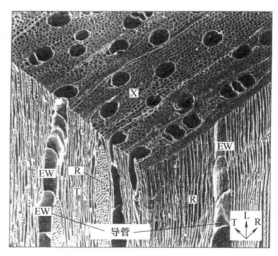

图3-6　一段散孔硬木（糖枫）横断面的扫描电镜（SEM）照片（100×）
R—木射线　X—木质部　EW—早材

看出，早材与晚材中气孔的直径存在显著差异，前者较大，后者较小。

相比之下，散孔硬木气孔较大，排列疏松，木质部致密。规则致密的结构使散孔硬木拥

有较大的强度和密度。而环孔硬木气孔较小但排列紧密，呈带状或环状，在垂直于年轮方向上的气孔大小间隔排列。木质部不如散孔硬木紧密，所以硬度、强度、密度都比散孔硬木小。

（3）三维多孔材料　多孔材料是指固相与大量孔隙共同构成的多相材料，最为普遍的是由大量多面体形状的孔洞在空间聚集形成的三维结构，通常称为泡沫材料。

按照孔径大小的不同，多孔材料可以分为微孔（孔径小于 2nm）材料、介孔（孔径为 2 ~ 50nm）材料和大孔（孔径大于 50nm）材料。相对连续介质材料而言，多孔材料一般具有相对密度低、比强度高、比表面积大、重量轻、隔声、隔热、渗透性好等优点。其具体表现及应用如下：

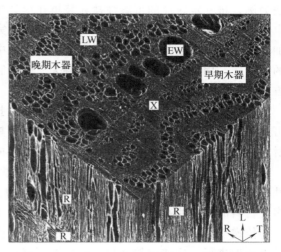

图 3-7　一段环孔硬木（美国榆）横断面的
扫描电镜（SEM）照片（54×）
LW—晚材　EW—早材　X—木质部　R—木射线

1）力学性能的改变。应用多孔材料能提高产品的强度和刚度等力学性能，同时降低其密度，这样应用在航空航天领域就有一定的优势。据测算，如果将现在的飞机用部分材料改用多孔材料，在同等性能条件下，飞机重量可减小到原来的一半。应用多孔材料另一力学性能的改变是产品冲击韧性的提高，用于汽车工业能有效降低交通事故对乘客造成的伤害。

2）对机械波及机械振动的传播性能的改变。波传播至两种介质的界面上时，会发生反射和折射。由于多孔的存在，增大了反射和折射的可能性，同时衍射的可能性也增大了。所以多孔材料能起到阻波的作用。利用这种性质，多孔材料可以用作隔声材料、减振材料和抗爆炸冲击的材料。

3）对光电性能的改变。多孔材料具有独特的光学性能微孔，多孔硅材料在激光的照射下可以发出可见光，将成为制造新型光电子元件的理想材料。多孔材料的特殊光电性能还可以制造出燃料电池的多孔电极，这种电池被认为是下一代汽车最有前途的能源装置。

4）选择渗透性。由于目前人们已经能制造出规则孔型而且排列规律的多孔材料，并且孔的尺寸和方向已经可以控制。因此，利用这种性能可以制成分子筛，如高效气体分离膜可重复使用的特殊过滤装置等。

5）选择吸附性。由于每种气体或液体分子的直径不同，其运动的自由程不同，所以不同孔径的多孔材料对不同气体或液体的吸附能力就不同，可以利用这种性质制作用于空气或水净化的高效气体或液体分离膜，这种分离膜甚至还可以重复使用。

6）化学性能的改变。多孔材料由于密度变小，其比表面积增加，使得表面的原子或分子数量相对增多，活性点位也相对增加。基于多孔材料的这种特性而产生的人造酶，能大大提高催化反应速度。

在众多的多孔材料中，从制备角度看，无序多孔材料的制备较易，成本较低，易于大量推广和使用，如泡沫金属。目前常见的制备方法有 5 种：①粉末冶金法，它又可分为松散烧结和反应烧结两种；②渗流法；③喷射沉积法；④熔体发泡法；⑤共晶定向凝固法。以渗流法为例，将一定粒径的可溶性盐粒装填在模具中压实，并随模具一起放入炉内加热，同时在电阻式坩埚炉内配制所需的合金，待合金熔化完毕，出炉浇入模具中，通过在金属液表面施加一定的压力，使其渗透到粒子之间的缝隙之中；当金属液凝固后便可得到金属合金与粒子的复合体，用水将复合体中的盐粒溶去，即可制得具有三维连通泡孔的泡沫合金。但是这种方法生产的材料性能不均匀，质量很难控制。

可控孔多孔材料的制备过程相对复杂，且技术条件要求较高。从前面分析的特性来看，可控孔多孔材料拥有许多无序孔多孔材料所不具备的特性。随着新技术的发展，可控孔多孔材料的制备方法将越来越成熟，这类方法必将成为今后多孔材料研究的发展趋势。

（4）天然多孔材料 由于多孔材料在力学性能、光电性能、化学性能、渗透性、吸附性等方面存在诸多优势，因此大量存在于动物、植物体中，如木材、软木、海绵和珊瑚等。多孔材料的应用使在减小自身重量的同时增加了强度与韧性，使水分、养分、神经信号有充分的传递空间，增强催化活性并增大反应接触面积，使一些生命体中必需的生物化学反应大量迅速地进行。这些都使动植物体能够更好地适应生长环境。人们应以自然为师，从中找寻灵感，以便将来研制出功能更加强大的多孔材料。

3.2 复合材料的结构特征与性能

3.2.1 复合材料的结构特征

1. 金属基复合材料的组成、结构及性能

金属基复合材料是以金属及其合金为基体，与一种或几种金属或非金属增强相人工结合成的复合材料。多种金属及其合金可用作基体，常用的主要有铝、镁、钛、镍及其合金，其增强材料的种类和形态也是多种多样，既可以是连续纤维和短纤维，亦可以是颗粒、晶须等。常用的增强纤维材料主要有硼纤维、碳（石墨）纤维、碳化硅纤维、氧化铝纤维，以及钨丝、铍丝、不锈钢丝等金属丝，陶瓷颗粒（如碳化硅颗粒、氧化铝颗粒和碳化硼颗粒），晶须（如碳化硅晶须、氮化硅晶须和碳化硼晶须）等。SiC 晶须如图 3-8 所示。

与聚合物基复合材料相比，金属基复合材料具有工作温度高、横向力学性能好、层间抗剪强度高、耐磨损、导电和导热、不吸湿、不老化、尺寸稳定、可采用金属的加工方法等优点。由于技术上有一定难度，工艺比较复杂，价格较贵，起初仅用在要求材料比强度高、比模量高、尺寸

图 3-8　SiC 晶须

稳定和具有某些特殊性能的航空航天等部门。随着科学技术的发展，近些年来开发了新的制造工艺和廉价的增强体（如碳化硅颗粒、陶瓷短纤维等），金属基复合材料才开始应用于民用工业部门。

金属基复合材料的性能取决于所选用金属或合金基体和增强物的特性、含量、分布等，

通过优化组合可获得高比强度、高比模量、耐热、耐磨等综合性能。

金属基复合材料具有高比强度、高比模量。由于在金属基体中加入了适量的高强度、高模量、低密度的纤维、晶须、颗粒等增强物，特别是高性能连续纤维——硼纤维、碳（石墨）纤维、碳化硅纤维等增强物，明显提高了复合材料的比强度和比模量，见表3-1。加入质量分数为 30%~50% 的高性能纤维作为复合材料的主要承载体，金属基复合材料的比强度、比模量可成倍提高，如碳纤维的最高强度可达 7000MPa，碳纤维/铝合金复合材料比铝合金高出 10 倍以上。

表 3-1　金属与纤维增强复合材料性能比较

材料	性能				
	密度/ （g/cm³）	抗拉强度/ （10^3MPa）	弹性模量/ （10^3MPa）	比强度/ （10^4N·m/kg）	比模量/ （10^4N·m/kg）
钢	7.8	1.03	2.1	0.13	27
铝	2.8	0.47	0.75	0.17	27
玻璃钢	2.0	1.06	0.4	0.53	20
高强碳纤维-环氧	1.45	1.5	1.4	1.03	97
硼纤维-铝	2.65	1.0	2.0	0.38	75

金属基复合材料具有良好的导热、导电能力。金属基复合材料中金属基体占有很高的体积百分比，一般在 60% 以上，因此仍保持了金属所具有的良好导热和导电性。这对尺寸稳定性要求高的构件和高集成度的电子器件尤为重要。

在金属基复合材料中采用高导热性的增强物，还可以进一步提高金属基复合材料的热导率，使复合材料的热导率比纯金属基体还高。若采用超高模量石墨纤维、金刚石纤维、金刚石颗粒增强的铝基、铜基复合材料，其热导率比纯铝、铜还高，用它们制成的集成电路底板和封装件，可有效迅速地把热量散去，进而提高集成电路的可靠性。

金属基复合材料的热膨胀系数小、尺寸稳定性好。金属基复合材料中所用的增强物碳纤维、碳化硅纤维、晶须、颗粒、硼纤维等均具有很小的热膨胀系数，又具有很高的模量，特别是高模量、超高模量的石墨纤维具有负的热膨胀系数。加入相当含量的增强物，不仅可以大幅度地提高材料的强度和模量，也可以使其热膨胀系数明显下降，并可通过调整增强物的含量获得不同的热膨胀系数，以满足各种工况要求。例如，石墨纤维增强镁基复合材料，当石墨纤维的质量分数达到 48% 时，复合材料的热膨胀系数为零，即使用这种复合材料做成的零件不发生热变形，这对人造卫星构件特别重要。

金属基复合材料具有良好的高温性能。金属基体的高温性能比聚合物高很多，增强纤维、晶须、颗粒在高温下又都具有很高的高温强度和模量。因此，金属基复合材料具有比金属基体更高的高温性能，特别是连续纤维增强金属基复合材料。在复合材料中，纤维起着主要承载作用，纤维强度在高温下基本不下降，纤维增强金属基复合材料的高温性能可保持到接近金属熔点，并比金属基体的高温性能高许多。因此，金属基复合材料被选用在发动机等高温零部件上，可大幅提高发动机的性能和效率。总之，金属基复合材料制成的零构件可比金属材料、聚合物基复合材料制成的零件在更高的温度条件下使用。

金属基复合材料，尤其是陶瓷纤维、晶须、颗粒增强金属基复合材料具有很好的耐磨性。这是因为在基体金属中加入了大量的陶瓷增强物，特别是细小的陶瓷颗粒。陶瓷材料具有硬度高、耐磨、化学性能稳定的优点，用它们来增强金属不仅提高了材料的强度和刚度，也提高了材料的硬度和耐磨性。SiC/Al复合材料的高耐磨性在汽车、机械工业中有很广阔的应用前景，可用于汽车发动机、制动盘、活塞等重要零件，能明显提高零件的性能和寿命。

金属基复合材料的疲劳性能和断裂韧性取决于纤维等增强物与金属基体的界面结合状态，增强物在金属基体中的分布，以及金属、增强物本身的特性。特别是最佳的界面状态既可有效地传递载荷，又能阻止裂纹的扩展，提高材料的断裂韧性。据美国宇航公司报道，C/Al复合材料的疲劳强度与抗拉强度比为0.7左右。

金属基复合材料性质稳定、组织致密，不存在老化、分解、吸潮等问题，也不会发生性能的自然退化，这比聚合物基复合材料优越，在使用过程中不会分解出低分子物质污染仪器和环境，具有明显的优越性。

2. 无机非金属基复合材料的组成、结构及性能

无机非金属基复合材料主要包括陶瓷基复合材料、碳基复合材料、玻璃基复合材料和水泥基复合材料等。陶瓷基复合材料和碳基复合材料是耐高温及高力学性能的首选材料，例如碳碳复合材料是目前耐温最高的材料。水泥基复合材料则在建筑材料中越来越显示出其重要性。

（1）陶瓷基复合材料　陶瓷基复合材料是以高性能的陶瓷为基体，通过加入颗粒、晶须、连续纤维和层状材料等增强体增强、增韧，从而形成的多相材料，如图3-9所示。

陶瓷基复合材料基体主要有玻璃陶瓷、氧化铝陶瓷、氮化硅陶瓷、碳化硅陶瓷等，增强体主要有高模量碳纤维、硼纤维、碳化硅纤维与晶须、金属丝等。通过颗粒增强、微裂纹增韧、晶须增韧及纳米强韧化等作用，形成异相颗粒弥散强化陶瓷复合材料、纤维增韧增强陶瓷复合材料、原位生长陶瓷复合材料、梯度功能陶瓷复合材料及纳米陶瓷复合材料。

陶瓷基复合材料在保持陶瓷材料强度高、硬度大、耐高温、抗氧化、耐磨损、耐腐蚀、热膨胀系数和密度小等优点的同时，

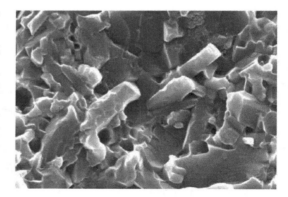

图 3-9　陶瓷基复合材料

还具备韧性大这一显著优点，弥补了陶瓷材料脆性大的弱点，并因此在刀具、滑动构件、航空航天构件、发动机构件等领域起到了重要作用。

（2）碳基复合材料　碳基复合材料是基体及增强体均为碳的多相材料。碳基复合材料的碳基体可以是碳或石墨，如树脂碳、沥青碳和沉积碳。增强碳可以是不同类型的碳或石墨的纤维及其织物，起骨架和增强剂的作用。

碳基复合材料具有耐高温、耐热震、导热性好、弹性模量高、化学稳定性高、强度随温度升高而提高、热膨胀系数小的优点，同时具有韧性差、对裂纹敏感等缺点，适用于惰性气体及高温烧蚀环境，如再入飞行器鼻锥、固体火箭发动机喷管、洲际导弹弹头等。

（3）玻璃基复合材料　玻璃基复合材料是以玻璃材料为基体，并以陶瓷、碳、金属等

材料的纤维、晶须、晶片为增强体，通过复合工艺所构成的复合材料。玻璃基复合材料的基体主要有硼硅玻璃、铝硅玻璃和高硅玻璃，可适用于不同温度，有时也将玻璃陶瓷（微晶玻璃）划入该复合材料范畴。玻璃基复合材料属于重要国防材料，在导弹通信、制导和防热方面具有不可取代的地位。

玻璃是典型的脆性材料，与其他材料相比，它的强度、韧性和断裂应变都很小，这是影响其应用和可靠性的主要因素。在玻璃基复合材料中引入补强增韧的纤维、晶须或第二相硬质颗粒构成玻璃基复合材料可有效改善其力学性能。如 SiC_w，增强熔石英基复合材料的抗弯强度和断裂韧性 K_{IC} 分别为 271 MPa 和 $3.1MPa \cdot m^{\frac{1}{2}}$，而一般玻璃的抗弯强度仅为 100MPa，断裂韧性仅为 $0.5MPa \cdot m^{\frac{1}{2}}$。

（4）水泥基复合材料　水泥基复合材料是以硅酸盐水泥为基体，以耐碱玻璃纤维、通用合成纤维、各种陶瓷纤维、碳和芳纶等高性能纤维、金属丝，以及天然植物纤维和矿物纤维为增强体，加入填料、化学助剂和水经复合工艺构成的复合材料。

在纤维增强水泥基材料中，纤维的使用状态和分布是多种多样的，既可以是长纤维的一维铺设，也可以是长纤维或者织物的二维分布，还可以是短纤维的二维或者三维不连续的乱向分布。纤维不仅使得混凝土强度有所提高，同时也使其黏结性、韧性有所改善。

3. 聚合物基复合材料的组成、结构及性能

聚合物基复合材料是以聚合物为基体，通过颗粒、纤维、晶须或层片状增强相增强的复合材料。常用的纤维类型为玻璃纤维、碳纤维、芳纶纤维及超高分子量聚乙烯纤维，其形态可以是连续纤维、长纤维及短切纤维。常用晶须类型有碳化硅晶须、氧化铝晶须。层片增强相常用云母、玻璃及金属等材料。颗粒增强相常用氧化铝、碳化硅、石墨及金属等材料。

聚合物基复合材料的密度小，其比强度相当于钛合金的 3~5 倍，拉伸模量相当于金属的 4 倍之多，见表 3-2。复合材料中纤维与基体的界面能阻止材料受力所致裂纹的扩展，其疲劳强度高。大多数金属材料的疲劳强度极限是其抗拉强度的 20%~50%，而碳纤维/聚酯复合材料的疲劳强度极限可为其抗拉强度的 70%~80%，复合材料界面还具有吸振能力，使材料的振动阻尼很高。另外，聚合物基复合材料具有良好的可设计性及加工工艺性，可根据材料使用要求不同，采用手糊成型、模压成型、缠绕成型、注射成型和拉挤成型等各种方法，制成阻燃材料、绝缘材料、耐磨材料、耐腐蚀材料等。然而，聚合物基复合材料的耐高温性能、耐老化性能及材料性能均一性等，有待于进一步研究提高。

表 3-2　聚合物基复合材料与金属力学性能对比

材料	玻璃纤维增强热固性塑料	碳纤维增强热固性塑料	钢	铝	钛
密度/(g/cm³)	2.0	1.6	7.8	2.8	4.5
抗拉强度/GPa	1.2	1.8	1.4	0.48	1.0
比强度	600	1120	180	170	210
拉伸模量/GPa	42	130	210	77	110

3.2.2　复合材料的性能特点

复合材料可由单一增强材料和基体材料组成。它是由各种组成材料取长补短复合而成的具有各种材料综合性能的新材料，其性能一般由组成的增强材料和基体材料的性能，以及它们之间的界面决定，作为产品其性能还与成型工艺和结构设计有关。复合材料的共同特性如下。

（1）比强度高，比刚度大　单位质量的强度和模量，称为比强度和比模量，是在质量相等的前提下衡量材料承载能力和刚度特性的一种指标。它意味着可以制成性能好而又质量小的结构。

（2）成型工艺性能好　这里是指聚合物基纤维增强复合材料的成型工艺性能好（金属基体复合材料的成型工艺非常复杂）。从原理和设备上讲，其制造工艺比较简单，可制成形状复杂的部件，尤其适宜制作相当大的结构部件。这种较大结构整体部件可一次成型，大大减少了零部件、紧固件和接头数目，减少了装配工作量，显著减小了结构质量并减少了工时。

（3）材料性能可以设计　复合材料和复合材料的结构部件（产品）都具有可设计性，这两者在制造时是同步完成的。在增强材料和基体材料选定以后，尚有许多材料参数和几何参数可以变动，以设计出具有不同性能的复合材料。

（4）抗疲劳性能好　疲劳破坏是材料在交变载荷作用下，由于裂纹的形成和扩展而造成的低应力破坏。复合材料在纤维方向受拉时的疲劳特性要比金属好得多。金属材料的疲劳破坏是由里向外经过渐变然后突然扩展的，在发展疲劳破坏之前，常常没有明显的预兆。而纤维增强复合材料的基体是断裂应变较大的韧性材料，其疲劳破坏总是从纤维或基体的薄弱环节开始，逐渐扩展到结合面上，损伤较多且尺寸较大，破坏前有明显的预兆，能够及时发现和采取措施。

（5）破坏安全性能好　在纤维增强复合材料中，由于基体的作用，在沿纤维方向受拉时，各纤维的应变基本相同。已断裂的纤维由于基体遗传应力的结果，除断口处不发挥作用和在断口附近一小段部分发挥作用外，其余绝大部分纤维依旧发挥作用。断裂了的纤维周围的邻接纤维，除在局部需要多承受一些由断裂纤维通过基体传递过来的应力而使应力略有升高外，各纤维在宏观意义上几乎同等受力。各纤维间应力的不均匀程度大大降低了，其平均应力将大大高于没有基体的纤维约束的平均应力，因而增大了平均应变。这样，个别纤维的断裂就不会引起连锁反应和灾难性的急剧破坏，因而破损安全性能好。

（6）减振性能好　以聚合物为基体的纤维增强复合材料，基体具有黏弹性。在基体中和界面上有微裂纹和脱黏的地方，还存在着摩擦力。在振动过程中，黏弹性和摩擦力使一部分动能转化为热能，因此，纤维增强复合材料的阻尼比钢和铝合金要大，若采取措施还可使阻尼增大。这就是纤维增强复合材料减振性能好的原因。

（7）高温性能好、抗蠕变能力强　由于纤维材料在高温下仍能保持较高的强度，所以纤维增强复合材料（如碳纤维增强树脂复合材料）的耐热性比树脂基体有明显提高。而金属基复合材料在耐热性方面更显示出其优越性。

（8）耐蚀性好　很多种复合材料都能够耐酸碱腐蚀，如玻璃纤维增强酚醛树脂复合材料，在含氯离子的酸性环境中能长期使用，可以用来制造强酸、盐、脂和某些溶剂的化工管道、泵、阀、容器、搅拌器等设备。

复合材料还存在一些缺点，如断裂伸长较小，抵抗冲击载荷的能力低，成本高，价格贵，可靠性相对较差。

3.3　复合材料的加工生产方法

一般情况下，复合材料的制备过程也是其制品成型的过程。材料的性能需要根据制品的使用要求进行设计，因此，为满足成品的物理、化学、外观、结构等方面的要求，成型时必须要先进行配比设计、制造材料和成型方法确认等工作。

1. 金属基复合材料的制备

金属基复合材料中基体和增强体材料的性能不同，因此金属基体与增强体材料之间的润湿性，以及适当的界面结合是制备金属基复合材料的关键。

（1）金属基复合材料的制备工艺

1）固态法。固态法是指基体在固体状态下制造金属基复合材料的方法。反应过程中尽量避免金属基体和增强体材料之间的界面反应。目前该方法已经用于多种金属基复合材料制品的生产，如 SiC/Al、$SiC/TiC/Al$、B/Al、C/Al 等。固态法制备金属基复合材料的方法主要包括扩散黏结法、形变法和粉末冶金法。扩散黏结法是在较长时间、较高温度和压力下，通过金属互相扩散而黏结在一起的工艺方法。扩散黏结过程分为三个阶段：黏结表面之间的最初接触；界面扩散、渗透，接触面形成黏结状态；扩散结合界面最终消失。常用的压制方法有热压法、热等静压法和热轧法三种。形变法就是利用金属的塑性成型，通过热轧、热拉、热挤压等加工手段，使已复合好的颗粒、纤维增强体金属基复合材料进一步加工成板材。对金属/非金属复合材料，用挤、拉和轧的方法，使复合材料的两相都发生形变，其中作为增强体材料的金属被拉长成纤维状增强体相。粉末冶金法是一种用于制备与成型颗粒增强体金属基复合材料的传统固态工艺。用这种方法也可以制造晶须或短纤维增强体的金属基复合材料：将晶须或短纤维与金属粉末充分混合后进行热压制得复合材料。该法可直接制成零件，也可制坯后二次成型。

2）液态法。液态法是指基体处于熔融状态下制造金属基复合材料的方法。为了减少高温下基体和增强体材料之间的界面反应，提高基体对增强体材料的浸润性，通常采用表面加压渗透、增强体材料表面处理、基体中添加合金元素等方法。

液态法制备金属基复合材料的方法可分为液态金属浸润法和共喷沉积法等。液态金属浸润法的实质是熔融态基体金属与增强体材料浸润结合，然后凝固成型，其常用工艺有常压铸造法、挤压铸造法、真空压力浸渍法和液态金属搅拌铸造法。

3）共喷沉积法。共喷沉积法是使用专用的喷嘴，将液态金属基体通过惰性气体气流的作用雾化成细小的液态金属束流，将增强体相颗粒加入到雾化的金属束流中，与金属液滴混合在一起沉积在衬底上，凝固形成金属基复合材料的方法。共喷沉积的工艺过程包含基体金属熔化、液态金属雾化、颗粒加大，以及与金属雾化流的混合、沉积和凝固等。

4）其他方法。金属基复合材料还可以通过物理气相沉积法、化学气相沉积法，以及原位自生成法制备。原位自生成法是指强化材料在复合材料制造过程中，从基体中生成和生长的方法。按其生长方式，可分为定向凝固法和反应自生成法。

（2）金属基复合材料的制备原料　金属基复合材料的制备原料分为基体、纤维和晶须。基体的发展主要集中在铝基、镁基与钛基三种金属；纤维包括陶瓷纤维、硼纤维、SiC 纤维、碳纤维等；晶须包括氧化锌晶须、硼酸铝晶须等。

（3）金属基复合材料的制备设备　金属基复合材料的制备方法很多，生产设备存在很大差异。以热喷射法制备金属基复合材料为例，该方法的主要设备有超声速火焰喷涂系统及其附属设备，其中喷涂系统主要包括喷枪、电源、冷却系统等。

2. 陶瓷基复合材料的制备

陶瓷基复合材料分为两大类：第一类是颗粒、短纤维、晶须等作为增强体，增强体一般不需要特殊处理，多沿用传统陶瓷制备工艺；第二类是连续纤维增强陶瓷基复合材料，纤维的处理、分散、烧结等问题对复合材料性能的影响较大。

（1）陶瓷基复合材料的制备工艺　目前，陶瓷基复合材料的主要成型方法有模压成型、等静压成型、热压成型、注浆成型、注射成型、直接氧化、溶胶-凝胶法等。本节介绍模压成型和热压成型两种方法。

1）模压成型。模压成型是将粉末填充到模具内部后，通过单向或双向加压将粉料压成所需形状。这种方法操作简单，生产率高，易于自动化，是常用的方法之一。但是，成型时粉料容易发生团聚，使坯体内部密度不均匀，形状精度差，且对模具质量要求高。

2）热压成型。热压成型是将粉料与蜡或者有机高分子黏结剂混合后，加热使混合料具有一定的流动性，然后将混合料加压注入模具，冷却后得到致密坯体的工艺方法。它适用于形状比较复杂的部件，易于规模生产。其缺点是坯体中的蜡含量较高，烧成时排蜡时间长；对于壁薄的工件易发生变形。

（2）陶瓷基复合材料的制备原料　陶瓷基复合材料的制备原料分为基体、纤维和晶须。玻璃陶瓷、晶体陶瓷等主要的陶瓷都可以用于陶瓷基复合材料；纤维包括陶瓷纤维、高熔点金属纤维、碳纤维等；晶须包含石墨晶须、硼酸铝晶须等。

（3）陶瓷基复合材料的制备设备　陶瓷基复合材料的制备方法很多，生产设备存在较大差异。以热压成型为例，该方法的主要设备是热压成型机，系统主要有热压模具、加热装置、加压装置等。

3. 树脂基复合材料的制备

树脂基复合材料构件制造工艺过程中伴随着物理、化学或物理化学的变化，因此，要结合这个特点制定与控制工艺过程，使工艺质量得到保证。

（1）树脂基复合材料的制备工艺　树脂基复合材料成型的方法主要有手糊成型、缠绕成型、喷射成型、袋压成型、拉挤成型、注射成型等。本节介绍手糊成型、缠绕成型和喷射成型等三种常用的成型方法。

1）手糊成型。手糊成型是用手工或在机械辅助下将强化材料和热固性树脂铺覆在模具上，树脂固化形成复合材料的一种成型方法。手糊成型工艺一般要经过如下工序：原材料准备—模具涂脱模剂—胶液配制—手糊成型—固化—脱模—后处理—检验—制品。

2）缠绕成型。缠绕成型是指把经过浸渍树脂的连续纤维束或纤维布带，用手工或机械法按一定规律连续缠绕在芯模上固化制备工件的成型方法。此法易于实现机械化，生产效率较高，制品质量稳定。但工件形状局限性大，适合缠绕球形、圆筒形等回转壳体零件。

3）喷射成型。喷射成型是指利用压缩空气，将树脂和玻璃纤维喷射到模具表面成型的一种方法。喷射成型工艺的材料准备、模具准备等与手糊成型工艺基本相同，主要的不同在于喷射成型采用喷枪作业。

（2）树脂基复合材料的制备原料　树脂基复合材料的制备原料分为基体、纤维和晶须。

基体有环氧树脂、不饱和聚酯及乙烯基酯树脂等；纤维包括陶瓷纤维、玻璃纤维、碳纤维等；晶须包括钛酸钾晶须、硼酸铝晶须等。

（3）树脂基复合材料的制备设备 树脂基复合材料的制备方法较多，生产设备存在较大差异。以细丝缠绕成型为例，该方法的成型设备主要有台架、树脂槽、供料器旋转芯轴等。

3.4 复合材料的设计方法

复合材料设计不同于传统材料的设计。传统材料的设计是根据项目的使用目的和性能要求，拟定其材料、结构、工艺及费用等方面的计划于估算，类似于材料选择，而非严格意义上的材料设计，较少考虑材料的结构与制造工艺问题，设计与材料具有一定意义上的相对独立性。而复合材料的性能与结构、工艺具有很强的依赖性，可使某一方向上具有很强的性能，即具有可设计性，是一种可设计的材料。复合材料设计也不同于冶金设计，即根据性能要求、工艺特点所进行的成分设计。

随着计算机技术的迅速发展，复合材料设计也可在计算机上以虚拟的形式进行。这样可节省大量的人力、物力和财力，缩短设计时间和研发周期，通过不同模块的组合，研究不同组分材料的最佳组合方式、组分比例，研究每一参数对复合材料性能的影响规律，并在计算机上实现虚拟设计及对复合材料进行全面评价，从而进一步优化设计。

1. 复合材料设计的类型

（1）安全设计 在使用条件下不致失效，主要为强度和模量。

（2）单项性能设计 使复合材料的某项性能符合指标，如吸波、透波、零膨胀等，在满足单项主要要求时，还要兼顾其他要求综合考虑。

（3）等强度设计 使其性能的各向异性符合工作条件和环境要求的方向性。

（4）等刚度设计 要求材料的刚度满足对于构件变形的限制条件，并没有过多的冗余。

（5）优化设计 目标函数极值化，如最低成本、最长寿命、最小质量等。

2. 复合材料的设计步骤

（1）确定设计目标 根据材料的使用性能、使用条件和约束条件，确定设计目标。使用性能包括：物理性能（包括密度、导热性、导电性、磁性、吸波性、透光性等）、化学性能（包括耐蚀性、抗氧化性）、力学性能（包括强度、硬度、韧性、耐磨性、抗疲劳性、抗蠕变性等）。使用条件包括使用温度、环境气氛、载荷性质、接触介质等。约束条件包括资源等。

（2）选择组分材料 根据复合材料具有的性能，选择组分材料（基体与增强体），包括组分材料的种类、比例、几何形状、分布形式等。组分材料的选择应明确以下几点：

1）由于组分种类的限制，其性能不可能呈连续函数，而只能是阶梯形式变化。

2）应明确各组分在复合材料中所承担的功能。

3）能使各组分在材料中的预定功能得到充分发挥。

同时还应注意以下几点：

1）各组分材料的相容性（物理、化学、力学的相容性）。

2）按照各组分在复合材料中所起的作用，来确定增强组分的形状（颗粒、纤维、晶须及其编织形状等）。

3）复合后，各组分能保持各自的优异性能，产生所需的复合效应。

基体材料的选择主要取决于其使用环境，一般由使用温度来决定。

1）当使用温度小于300℃时，一般选择聚合物为基体。

2）当使用温度为300~450℃时，一般选择 Al、Mg 等金属及其合金为基体。

3）当使用温度小于650℃时，选择 Ti 及其合金为基体。

4）当使用温度为650~1260℃时，选择高温合金或金属间化合物为基体。

5）当使用温度为980~2000℃时，选择陶瓷为基体。

（3）选择制备方法，确定工艺参数　制备方法有很多种，各有特点，需要针对设计要求进行合理选择，必要时对工艺进行优化。选择时应注意以下几点。

1）制造过程中尽量不对增强体造成污染、损伤。

2）使增强体按预定的方向排列、均匀分布。

3）基体与增强体界面结合良好。

（4）制备准备　准备组分材料、制备设备，试制样品。

（5）测定样品性能　利用损伤力学、强度理论、断裂力学等手段，分析样品的损伤演化和破坏过程。

（6）总结和优化　对样品进行可靠性、安全性和经济性分析，总结经验，进一步优化设计。

3. 复合材料设计的新途径

（1）一体化设计　即材料、工艺、设计综合考虑，采用整体设计的方法。

（2）复合材料的软设计　即利用软科学理论（混沌理论、模糊理论）、手段来进行复合材料设计的方法。例如，复合材料的最大拉应力准则，即采用 $\sigma \leqslant 1000\mathrm{MPa}$ 作为设计准则进行设计时，有很多不足。

1）$\sigma = 999\mathrm{MPa}$ 与 $\sigma = 1001\mathrm{MPa}$ 无任何实质性区别，但根据准则，前者可行，后者就不允许了。其实这里允许的概念是模糊的，不是绝对的，该问题只有用软科学来解决。

2）材料及其结构在使用过程中存在许多不确定的随机因素，确定性判据忽略了这些随机因素，不能说明结构在使用期间的可靠性。

软设计可以克服上述不足，具有以下优点：

首先，克服了传统设计的机械性。由于软设计的强度允许范围具有一定的模糊性和随机性，如果某一个次要构件的应力稍大于许用应力，只要总的方案可行，仍可采用。而传统设计，尤其是计算机设计时，任何约束条件的轻微破坏，整个方案即被否决，这样可能会错过最佳方案，这个矛盾软科学即可解决。

其次，复合材料的性能受诸多因素如组分材料的尺寸、体积分数、分布、界面形态、成型工艺等的影响，这些因素存在较大的不确定性和模糊性，这些不确定性可由软科学来解决。

最后，复合材料在使用过程中影响环境载荷的不确定性因素较多，使得载荷很难用函数关系准确表达，因而载荷具有随机性、模糊性和不确定性。同样，这些问题通过软科学可得到解决。

（3）复合材料的宏观、细观（介观）及微观设计　首先通过对复合材料的细观和宏观力学分别研究，建立起复合材料的细、微观结构参数及各组分材料特性与复合材料宏观性能的定量关系，将复合材料均匀化，然后将其作为一个整体进行宏观分析，研究它们的平均应力场和动态响应，并考虑组分材料的性能和细观结构的随机性，以及它们之间破坏的相关性，建立耗散结构理论模型，进行复合材料的设计。

该法的优点具体如下：

1）建立起复合材料的宏观性能与组分材料性能及细观结构之间的定量关系。

2）揭示出不同组分材料复合具有不同宏观性能如强度、刚度及断裂韧性的内在机制。

3）根据需要选取合适的组分材料，设计最优的复合材料结构。

（4）复合材料的虚拟设计　复合材料的虚拟设计是一种运用虚拟技术进行设计的方法，过程复杂，必须由计算机来完成，美国波音 777 客机，从整体设计、制造到各部件性能测试、组装等就是通过虚拟设计来实现的。虚拟设计具有以下优点。

1）可以研究任何一个设计参量单独变化时对复合材料及其结构性能的影响规律，如材料常数、宏观与微观结构的几何参数、边界条件、初始条件等的变化对复合材料结构的强度、刚度、稳定性、可靠性等的影响。它不像模型实验那样要求实验时各物理常量在满足相似性原理的情况下才能将实验结果近似地应用到实际结构上。

2）避免复合材料及其结构的制造过程和重复性实验。

3）复合材料及其结构的设计、制造、性能优化及其性能测试均可在计算机上完成，可大大缩短研制周期。

4）处理数学上无法求解或现有条件无法实现的过程。

3.5　复合材料的加工方法试验

本节以 Al_2O_3 陶瓷材料的制备为例，讲述复合材料的加工方法。

1. 实验目的

1）了解 Al_2O_3 陶瓷材料特性及用途。

2）掌握 Al_2O_3 陶瓷材料制备工艺。

3）掌握陶瓷热压铸成型工艺。

4）掌握利用 DAT-TG 制定排蜡制度。

2. 实验原理

氧化铝陶瓷具有机械强度高、硬度高、耐化学腐蚀、高频介损小、绝缘电阻高和热稳定性好等优良性能，而且其原料来源广泛，价格相对便宜，在电子、机械、纺织、汽车、化工、冶金等领域得到了广泛的应用，是应用最早最广泛的工程结构陶瓷之一。

氧化铝为离子键化合物，具有较高的熔点（2050℃），纯氧化铝陶瓷的烧结温度高达 1800~1900℃，由于烧成温度高，制备成本高。因此，在保证氧化铝陶瓷使用性能的前提下，有效降低其烧结温度，一直是人们研究的热点之一。在性能允许的前提下，人们常常采用各种方法降低烧结温度，其中以下三种方法应用比较普遍。

（1）尺寸效应　采用超细高纯氧化铝粉体原料，提高反应活性。

（2）采用一些新的烧结方法，降低 Al_2O_3 陶瓷的烧结温度，并且改善其各方面性能这其中包括热压烧结、热等静压烧结、微波加热烧结、微波等离子体烧结等。普通烧结的动力是表面能，而热压烧结除表面能外还有晶界滑移和挤压蠕变传质同时作用，总接触面增加极为迅速，传质加快，从而可降低烧成温度和缩短烧成时间。

（3）添加烧结助剂　添加剂一般分为两种：与氧化铝基体形成固溶体，如 TiO_2、Cr_2O_3、Fe_2O_3、Mn_2O_3 等变价氧化物，其晶格常数与 Al_2O_3 接近，这些添加剂大多含有变价元素，能够与 Al_2O_3 形成不同类型的固溶体，变价作用增加了 Al_2O_3 的晶格缺陷，活化晶格，使基体易于烧结；添加剂本身或者添加剂与氧化铝基体之间形成液相，通过液相加强扩散，在较低的温度下，就能使材料实现致密化烧结，常用的有高岭土、SiO_2、MgO、CaO 和 BaO 等。传统体系的 $MgO\text{-} Al_2O_3\text{-}SiO_2$ 系和 $CaO\text{-}Al_2O_3\text{-}SiO_2$ 系，通过加入烧结助剂，除了能够降低 Al_2O_3 陶瓷的烧结温度外，还可以获得希望的显微结构，如细晶结构、片晶结构等。

Al_2O_3 的成型方法主要有干压成型、热压铸成型、注浆成型和注射成型等多种。在电真空和纺织领域用的 Al_2O_3 陶瓷零部件大都采用热压铸成型工艺制造。

热压铸成型是将瓷料和熔化的蜡类搅拌混合均匀成为具有流动性的料浆，用压缩空气把加热熔化的料浆压入金属模腔，是料浆在模具内冷却凝固成型的一种方法。热压铸成型是生产特种陶瓷较为广泛的一种生产工艺，其基本原理是利用石蜡受热熔化和遇冷凝固的特点，将无可塑性的瘠性陶瓷粉料与热石蜡液均匀混合形成可流动的浆料（蜡浆），在一定压力下注入金属模具中成型，冷却待蜡浆凝固后脱模取出成型好的坯体。坯体经适当修整，埋入吸附剂中加热进行排蜡处理，最终形成制品。陶瓷热压铸成型是一种经济的近净尺寸成型技术。它可以成型形状复杂、尺寸精度和表面光洁程度高的陶瓷部件，非常适合大型、异型尺寸陶瓷制品的制造。与陶瓷注射成型相比，热压铸成型具有模具损耗小、操作简单及成型压力低等优点。

3. 工艺流程及要点

（1）工艺流程　热压铸成型制备质量分数为95%氧化铝陶瓷的工艺流程如图3-10所示。

图3-10　热压铸成型制备质量分数为95%氧化铝陶瓷的工艺流程图

（2）工艺要点

1）球磨。热压铸成型用的粉料为干粉料，因此球磨采用干磨。干磨时，加入质量分数为1%～3%的助磨剂（如油酸），防止颗粒黏结，提高球磨效率。粉料的细度也需进行控制，一般来说，粉料越细，比表面越大，则需用的石蜡量就要多，细颗粒多蜡浆的黏度也大，流动性降低，不利于注入磨具。若颗粒太大，则蜡浆易于沉淀不稳定。因此，对于粉料来说最好要有一定的粒度要求。在工艺上一般控制万孔筛的筛余不大于5%（质量分数），并要全部通过 0.2mm 孔径的筛。试验证明，若能进一步减少大颗粒尺寸，使其不超过 $60\mu m$，并尽量减少 $1\sim24\mu m$ 细颗粒，则能制成性能良好的蜡浆和产品。

2）蜡浆的制备。通常蜡浆中石蜡的质量分数为12%～20%。蜡浆粉料中水的质量分数应控制在0.2%以下。粉料在与石蜡混合前需在100℃烘箱中烘干，以去除水分，否则水分会阻碍粉料与蜡液完全浸润，导致黏度增大，甚至无法调成均匀的浆料。热料倒入蜡浆后，应充分搅拌。

3）热压铸成型。除泡后的蜡浆倒入热压铸机料筒，在空气压力下将热浆压入冷钢模中，快速冷凝成型。蜡浆的温度通常在65~85℃，在一定温度范围内浆温升高则浆料黏度减小，可使浆料易于充满金属模具。浆温若过高，坯体体积收缩增大，则表面容易出现凹坑。浆温与坯体大小、形状和厚度有关。形状复杂、大型的、薄壁的坯体要用温度高一些的浆料来压铸，一般浆温控制在70~80℃之间。模具温度通常为15~30℃，成型压力通常为0.4~0.7MPa。

4）排蜡。由于在热压铸成型中含大量的石蜡（质量分数为12%~20%）作为有机载体，因而烧结前必须将坯体内的有机物排除，即进行排蜡。传统的排蜡方法是将成型的陶瓷坯体埋入疏松惰性的粉料，也称吸附剂（它在高温下稳定，且不易与坯体黏结，一般用煅烧的 Al_2O_3、MgO 和 SiO_2 粉料），然后按一定的升温速率加热，当达到一定温度时，石蜡开始熔化，并向吸附剂中扩散，随着温度的升高和时间的延长，坯体中的有机物逐渐减少直至完全排出。排蜡时升温速率必须缓慢，因为坯体受热软化后强度低，易发生变形；另一方面，这一时期坯体内尚未形成气孔通道，挥发的小分子会因无法排出而在坯体内产生较高的压力，致使坯体产生鼓泡、肿胀、开裂、分层、变形等各种缺陷。在排蜡过程中，除了使在成型过程中所加入的黏结剂全部挥发以外，还要使坯体具有一定的机械强度。因此确定升温速率和最高温度是排蜡的关键。

4. 仪器及试剂

仪器：硅钼棒箱式电阻炉、球磨机、真空除泡机、热压铸机、恒温烘箱、电子天平、成型模具、密度测试系统、AG-IC20kN 电子万能试验机。

试剂：α- Al_2O_3、$CaCO_3$、SiO_2、黏土、石蜡、油酸。

5. 实验步骤

1）配料。按照表3-3的配方进行称料，称料前各原料需烘干。

表3-3 质量分数为95%的氧化铝陶瓷配方

原料	α-Al_2O_3	$CaCO_3$	SiO_2	黏土
质量分数(%)	93.5	3.27	1.28	1.95

2）混料（球磨）。干磨，置于球磨罐中，加入质量分数为1%~3%的油酸为助磨剂，球磨2h，将球磨好的料放入120℃恒温烘箱干燥24h，去除水分。

3）蜡饼的制备。称取质量分数为14%的石蜡，加热熔化成蜡液，将干燥的粉料和质量分数为0.5%的表面活性剂加入蜡浆中，充分搅拌，凝固后制成蜡饼待用。

4）真空除泡。将蜡饼加热熔化成蜡浆，加入少许除泡剂进行真空除泡。

5）成型。将蜡浆倒入热压铸机中的浆料筒，将模具的进浆口对准压铸机出浆口，脚踏压缩机阀门，压浆装置的顶杆把模具压紧，同时压缩空气进入浆筒，把浆料压入模内。维持短时间后，停止进浆，把模具打开，将硬化的坯体取出，用小刀削去注浆口注料，修整后得到合格的生坯。

6）排蜡。将成型的生坯埋入吸附剂中，以5℃/min的升温速率升温至300℃，保温30min，再以5℃/min的升温速率升温至1100℃，保温1h。

7）烧结。将排蜡后好的陶瓷素坯放入坩埚，在电炉中以10℃/min的升温速率升温至1100℃，再以5℃/min的升温速率升温至1650℃，保温1h。

8）体积密度测试。

9）抗弯强度测试。

3.6　复合材料的性能测试方法试验

本部分主要以汽车摩擦材料的力学性能测试为例，系统介绍复合材料性能测试方法试验。

硬度是材料对于塑性变形的抵抗能力。硬度测定是在标准规定的条件下，将碳化钨合金球压入材料内，将负荷除掉后，测量压痕直径或深度。硬度的测试有很多方法，在摩擦材料中主要应用布氏硬度和洛氏硬度。

1. 布氏硬度（HBW）

布氏硬度的测定使用布氏硬度试验机。

1）试验设备。布氏硬度计需经国家计量部门定期鉴定合格，相对误差不得大于±1%；硬度试验机能够均匀平稳地施加负荷，负荷在保持时间内不变；碳化钨合金球直径为1mm、2.5mm、5mm和10mm，允许偏差不超过0.01mm，碳化钨合金球表面光滑，无任何缺陷；布氏硬度计测量试样压痕直径精确度达0.01mm；25倍放大镜，精度达0.01mm。

试验样品：宽度×长度×厚度大于15mm×25mm×4mm。

试样表面应平整，厚度均匀，并擦一层白粉浆，晒干后再进行试验。试样压痕中心距边缘应不小于7.5mm。

注：铁路用合成闸瓦硬度值测定是在闸瓦摩擦体两个侧面分别测试，并取各点测试结果的平均值。压痕间隔应尽量大些，但压痕边缘与闸瓦边缘的距离不得少于10mm。

2）试验步骤。碳化钨合金球直径、试验力、试验力保持时间应根据试样预期硬度和厚度按要求进行选择。

试验中加荷时作用力的方向应与试验面垂直，要平稳均匀地施加试验力，不得有冲击和振动。

压痕中心距试样边缘的距离不应小于压痕平均直径的2.5倍，相邻两个压痕的中心距不应小于压痕平均直径的4倍。当试样的硬度小于3.5HBW时，上述距离应分别为压痕平均直径的3倍和6倍。

试验后，试样边缘或其背面若有变形痕迹，则试验无效。此时应选用较小的试验力及相应直径的碳化钨合金球重新试验。

应在两个相互垂直的方向测定压痕直径，用其算数平均值计算或按相应国家标准查得布氏硬度值。

3）计算布氏硬度方法。布氏硬度按下式计算

$$HBW = 0.102 \times \frac{2F}{\pi D(D - \sqrt{D^2 - d^2})}$$

式中，F 为试验力（N）；D 为压头直径（mm）；d 为压痕平均直径（mm）。

2. 洛氏硬度（HR）

执行标准：《摩擦材料洛氏硬度试验方法》（GB/T 5766—2023）。

洛氏硬度计用规定的钢球压头，在规定的条件下，对摩擦材料表面先后施加初试验力和主试验力，然后卸除主试验力，保留初试验力。用前后两次试验力作用下的钢球压头压入深度残余增量 e 求得的值，按 $HR = 130 - e$ 计算。其中，e 为钢球压入深度残余增量，记作以

0.002mm 为一个单位的数值。洛氏硬度的测定使用洛氏硬度试验机。

（1）试验设备

1）洛氏硬度计应符合 JJG 884 的规定，并根据使用频率，用相应标尺的标准块定期进行校验。

2）硬度计要放在水平台上，压头主轴应垂直使用。钢球在压头套孔中能够自由滑动，且要求洁净无缺陷。

3）托座与硬度计试验台应紧密贴合，托座支撑面与硬度计试验台面应清洁。若托座表面为弧形，则压头轴线应通过托座圆心。

4）更换钢球压头或托座时，要进行两次与硬度试验相同的准备试验。

5）每个试样的硬度测定点为 5 个，要均布在整个试样表面上，应避开孔和槽。各测定点间距应不小于 $4d$（d 为压痕直径），且离试样边缘（含孔和槽）的距离不小于 $2.5d$。

6）对弧形摩擦材料也可在其内弧面测定，应由供需双方商定。

（2）试验步骤

1）按试样形状大小选择试验台及托架。

2）将试样无冲击地与钢球压头接触，施加初试验力。

当使用度盘硬度计时，应使硬度指示器短指针指于红点，长指针转三圈垂直向上指向刻度盘定点（B30），其偏移不得超过 ±5 个分度值（若超过此范围，不得倒转，应改换测定点，再调整指示器外圈，使长指针对准 B30）。

3）在 2~4s 内施加主试验力，从施主试力开始保持 15s。

4）在 2s 内平稳地复回原位，卸除主试验力。

5）在卸除主试验力（初试验力仍保持）15s 时，即从指示器上直接读取洛氏硬度值，精确到一位小数。

6）更换测定点，再重复操作。

图 3-11 所示的是 HR-150A 型洛氏硬度试验机，其使用方法如下。

将丝杠顶面及被选用的工作台上下端面擦干净，将工作台置于丝杠上；将试件支撑面擦干净，放置于工作台上，旋转手轮使工作台缓慢上升，并顶起压头，到短指针指着红点，长指针旋转三圈垂直向上为止；旋转指示器，使 C、B 之间长刻线与长指针对正；拉动加荷手柄，施加主试验力，这时指示器的长指针按逆时针方向转动；当指示器指针的转动停下来后，即可将卸荷手柄推回，卸除主试验力；从指示器上相应的标尺读数；转动手轮使试件下降，再移动试件，按以上过程进行新的试验。

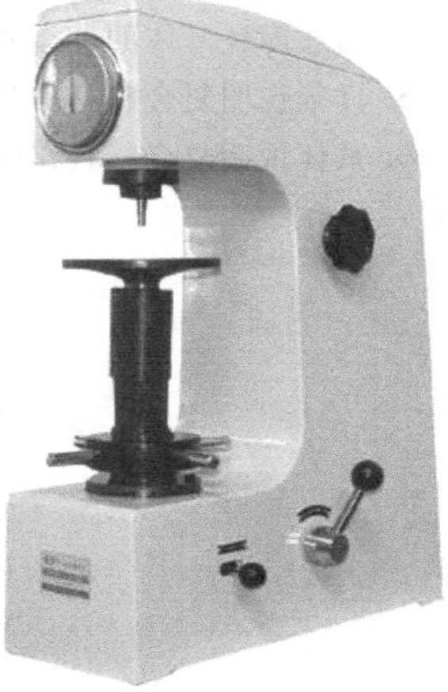

图 3-11　HR-150A 型洛氏硬度试验机

洛氏硬度依下式进行计算：

$$HR = 130 - e$$

$$e = \frac{h_1 - h_2}{0.002}$$

式中，HR 为洛氏硬度；h_1 为初负荷下的压痕深度（mm）；h_2 为在已施加总负荷并开始卸荷，但仍保留初负荷时，钢球压入试样表面的深度（mm）；0.002 为一个硬度值相应的压痕深度（mm）。

洛氏硬度测试关键是选择适宜的标尺，即根据摩擦材料的软硬程度，选择洛氏硬度值在 50~115 范围内。按照目前对于摩擦材料的硬度要求，材料硬时选择 K 标尺，材料软时选择 R 标尺为宜。

对于数显硬度计是直接读取硬度测试值；对于度盘硬度计，施加主试验力后指针通过 B 度盘零点（B0）的次数，减去卸除主试验力后长指针通过 B 度盘零点（B0）的次数，按照下述方法读取测试值：差值是 0，标尺读数加 100 为硬度值；差值是 1，标尺读数就是硬度值；差值是 2，标尺读数减 100 为硬度值。

进行硬度试验时，荷载作用于试样的时间不同，所得到的数据值有较大差异。因为摩擦材料有一定的弹塑性，压痕深度随着时间的增加而增大，应严格控制读数时间；硬度随着荷载的增加而变化，试样对荷载做出严格规定是必要的。

钢球直径对硬度的影响更大，一般是硬度随着钢球直径增大而减小；使用不同的钢球，得到的硬度值不一致，也难以进行比较。因为假如大钢球的直径 D，是小钢球 D_2 的 x 倍，即 $D = D_2 x$，在同样负荷的作用下，若要保持压痕一致，即 $\pi D h_1 = \pi D_2 h_2$（h_1、h_2 分别是大小钢球压入试样的深度），则必须有 $h_2 = h_1 x$ 的关系。由于试样的压缩变形越小，其反抗压缩变形的能力就会越大，也就是越不容易被压缩。因此，实际上有 $h_2 < h_1 x$，这就是直径小的钢球，其试验结果偏高的原因。

思 考 题

1. 简述复合材料的分类形式。
2. 简述金属基体的选择原则及结构复合材料的基体种类。
3. 详细列出金属基复合材料的分类。
4. 简述陶瓷基体的种类并举例说明。
5. 详细说明复合材料的几种效应。
6. 具体说明复合材料在现代工业中的应用。

第 4 章
天然生物材料与医用生物材料

  天然生物材料是由生物过程形成的材料，如结构蛋白（胶原蛋白、蚕丝、蜘蛛丝等）、结构多糖（几丁质、纤维素等）和生物矿物（骨、牙、贝壳等）。这一概念对应英文中的 Biological Material 或者 Natural Biological Material。医用生物材料是用来对生物体进行诊断、治疗、修复或替换其病损组织、器官或增进其功能的材料。这一概念对应英文中的 Biomaterial 或者 Biomedical Material。尽管部分天然生物材料是生物医用材料的优良原料，但是这两个概念并不相同，Biological Material 和 Biomaterial 两个含义并不相同的英语词汇容易混淆，也引起在中文文献中天然生物材料和医用生物材料都被称作"生物材料"的现象。

4.1 天然生物材料

4.1.1 概论

  作为生物的有机组成部分，天然生物材料为了适应环境，经过不断的演变和进化，形成了不同的结构和性能，但是也有较为普遍的特点。

1. 天然生物材料的结构特点

  （1）构成物质简单而结构复杂 天然生物材料是由结构多糖、结构蛋白和生物矿物等简单的构成物质组装而成，然而它们的结构却异常复杂。尽管自然界中的物种多种多样，但构成天然生物材料的结构多糖、结构蛋白和生物矿物的种类却相对有限。此外，相近亲缘关系的物种其构成材料的结构单元的化学成分也更加相似。然而，利用这些简单的构成物质，生物体却能构造出各种结构复杂、性能优异、能够适应环境的天然生物材料。以甲壳虫为例，它们能够将糖和蛋白质转化为重量轻却具有高强度的坚硬外壳。另外，蜘蛛的丝在外界常温下能从水溶性蛋白质转变为不溶的丝状物质，丝的强度甚至超过了制造防弹背心的材料凯夫拉的纤维强度。而鲍鱼则利用约 95% 的碳酸钙和 5% 的有机物形成强度是高级陶瓷两倍的贝壳。这些例子彰显了天然生物材料的奇妙之处：它们通过简单的构成物质构筑出复杂的结构，并展现出卓越的性能。这种能力不仅让我们对生物进化有了更深入的了解，也为设计和制造类似性能的人工材料提供了启示。

（2）材料之间的界面是逐渐过渡的　　生物结构的一个关键特点是材料之间的界面是逐渐过渡的。与人工制品中常见的螺钉或铰接的接头不同，生物体内的生理系统缺乏这种机械连接方式。相反，生物体内的材料转变，如从骨质过渡到软骨组织，通常发生在一个渐变的界面中。这种渐变界面的存在带来了许多优势，特别是在降低连接处的易损性方面。通过逐渐平稳地过渡，材料之间的渐变界面能够缓冲和分散力量的传递，减少应力集中，降低连接处的损伤风险。这种逐渐过渡的结构还能够提供更好的连贯性和功能整合，使不同材料之间的转变更加自然和协调，有助于生物体更有效地执行其功能。同时，渐变界面还能够减少由于材料之间的差异而产生的不匹配问题，调整热胀冷缩系数和机械特性的差异，避免应力积累和损坏。因此，生物体内的渐变界面是一种精巧的结构设计，赋予生物体更好的耐久性和适应性。这种界面的逐渐过渡性质不仅保护了生物体的结构完整性，还确保了正常的运动和功能执行。从生物结构中的这一特点，我们可以得到启示，即在工程设计中也可以考虑采用逐渐过渡的界面来提高连接部分的稳定性和耐久性。

（3）复合特性　　天然生物材料的基本组成单元通常是常见的生物高分子材料和生物无机材料。然而，它们展现出的卓越性能与其符合环境要求且经过高度优化的复合结构密切相关。典型的例子是木材和竹材，它们被认为是天然纤维增强复合材料的代表。这些材料的性能受到纤维的体积分数、纤维壁厚，以及纤维中微纤丝的取向角的影响，这些因素与其刚度和强度之间存在紧密的关系。另一个例子是骨骼，它是由羟基磷灰石和骨胶原纤维构成的复合材料，如图 4-1 所示。骨骼不仅具有高强度，还展现出良好的韧性。研究这种复合材料的特性有助于进行材料的微观和宏观优化设计。人类骨骼是一个典型的生物复合材料，成年人骨组织（骨质）中有机质占总质量的 1/3，主要由胶原纤维组成，并含有少量的凝胶状蛋白质。而无机物占总质量的 2/3，主要是羟磷灰石（或称羟基磷灰石）$Ca_{10}(PO_4)_6(OH)_2$。这种复合材料的独特组合赋予了骨骼出色的性能。有机物质的弹性和韧性赋予骨骼灵活性和吸能能力，而无机物质的硬度和刚性则提供了骨骼的强度和稳定性。对复合特性的深入研究将

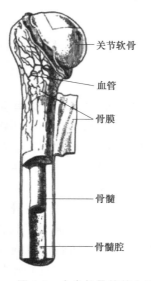

关节软骨

血管

骨膜

骨髓

骨髓腔

图 4-1　人类长骨的基本结构（左）与羟基磷灰石晶体（右）

推动材料在微观和宏观层面上的优化设计。这种研究不仅有助于深入了解生物体的结构与功能，还为材料科学的发展和应用提供了新的思路和创新方向。通过借鉴生物复合材料的特性，我们可以探索出更加先进和多功能的材料设计方法。

（4）分级结构　天然生物材料为适应周围环境形成了错综复杂的内部结构和整体多样性，其复杂性是传统材料（如金属、陶瓷等）无可比拟的。尽管各种天然生物材料有其特定的组装方式，但它们都具有空间上的分级结构（Hierarchical Structure）。分级结构是一种特殊的异质性结构（Heterogeneous Structure），指在不同尺度上，结构的组装规则不同。尽管组成生物材料的分子与构成无生命物质的分子没有本质上的差别，但生物材料却具有比无生命物质复杂得多的自组装分级结构和优异的功能，如蛋白质就有几级结构。天然生物材料几乎都是自组装分级复合材料。由于分级结构的存在，天然生物材料在结构特性上与大部分均相结构（Homogeneous Structure）的人工复合材料有巨大的区别。探讨各种天然生物材料的分级结构和自组装方式以获得特定功能的规律是仿生材料研究的重要内容之一。

以人骨为例，它具有典型的分级结构。图4-2所示为骨板（构成骨组织的板层状结构单元）的分级结构。骨胶原蛋白形成螺旋状纤维，羟基磷灰石晶体沿着骨胶原纤维的长轴排列，并与之紧密结合形成纤维束。胶原纤维束有序地成层排列，由无定形蛋白质基质黏合在一起，并伴有无机盐的沉积，形成了薄板状的骨板结构。另一个例子是巨骨舌鱼的鳞片，它也展现出分级结构。在微观尺度上，由羟基磷灰石和胶原蛋白组成的蛋白纤维呈现出布林根结构（Bouligand Structure），也被称为旋转夹板结构（Twisted Plywood）。这种结构显著提高了结构整体的韧性和强度。

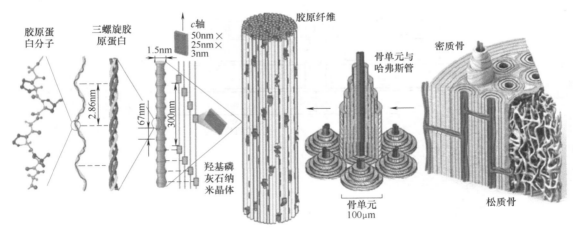

图4-2　骨板的分级结构

生物材料的分级结构导致其力学性能往往表现出明显的取向性。然而，这种结构也限制了人类对这些材料的直接应用。例如，从甲壳类动物外壳中提取几丁质需要复杂的工艺。尽管如此，正是分级结构赋予了天然生物材料独特的特性和优势。这种分级结构不仅在宏观层面上提供了优异的力学性能，而且在微观层面上展现出精细的组织和功能。通过研究天然生物材料的分级结构和自组装方式，可以揭示其特定功能的规律，并从中汲取启示，为材料设计和制造提供新的思路。

（5）自组装与生物矿化　自组装（Self-assembly）与生物矿化（Biomineralization）是生

物材料形成过程中的重要现象，它们从无序到有序、自下而上地发生。自组装是指在没有外部干预的情况下，个别组分（如小分子、大分子、胶体粒子或宏观粒子）之间相互作用（如吸引和排斥，或自发生成化学键），从而形成有序结构的过程。自组装过程中的驱动力主要包括氢键、范德瓦尔斯力、静电吸引和化学键。约在5.6亿年前，生物矿化分为碳酸盐、磷酸盐和硅酸盐三类。生物矿化是一个复杂的动态过程，通常通过有机结构的自组装为生物矿化提供适宜的微环境。首先，在有机-无机界面处形成核，并定向生长晶体；然后，在细胞的参与下，这些晶体会组装成多级结构。贝壳内珍珠层的形成过程是典型的有机大分子自组装和生物矿化过程的例子。在这个过程中，细胞会分泌自组装的有机物作为无机物（碳酸钙）的模板，使无机物具有特定的形状、尺寸、取向和结构。例如，鲍鱼壳的矿化生长是通过外套膜分泌物中过饱和的碳酸钙在生长边缘析出并结晶实现的，如图4-3所示。生长边缘上形成了塔状的矿物结构，随着矿化过程的进行，这些"塔"逐渐增高，底部逐渐填满。这个过程是在生物调控下进行的，碳酸钙的形成发生在有机物层之间。

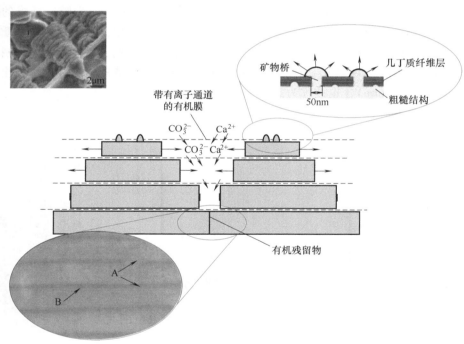

图 4-3 鲍鱼壳矿化生长的示意图（左上、左下小图为鲍鱼壳的扫面电镜照片）

自组装和生物矿化过程是典型的所谓"自下而上"（Bottom-up）的过程。这种过程往往需要"模板"来完成识别与组装。与分散组分相比，自组装体的能量比较低，可以自发进行。在自然条件下，所有生物制造生物材料所能利用的能量和物质都是有限的。这种自下而上的制造方法节约能耗和材料，是生物适应自然的一种表现。与许多自上而下（Top-down）形成的人造材料相比，它们的强度更高，韧性更好。人们正致力于将自组装与生物矿化的机理引入到无机材料与复合材料的合成，以有机物的组装体为模板，去控制无机物的形成，制备具有独特显微结构特点的新型材料。

2. 天然生物材料的性能特点

（1）功能适应性　无论是从形态学的观点还是从力学的观点来看，天然生物材料都是十分复杂的，这种复杂性是长期自然选择的结果，是由功能适应性所决定的。这种功能适应性只能通过进化而来，而自然进化的趋向是用最少的材料来承担最大的外力。例如，骨骼就是一种功能适应性天然生物材料，凡是骨中应力大的区域也正好配上强度高的区域。在外力作用下，骨以合适的截面承受外力，如外力增加，截面上与之平衡的应力也相应增加，增加后的应力对骨产生刺激，使骨内部组织可能发生两方面的变化：一是截面积增大，如长骨形成粗大的两端，以降低关节处的承载应力；二是截面上单位面积抗载能力增强，这就保证能在新情况下抵抗外力，如长骨中部的密度明显高于两端，以此提高其强度。反之，如果外力下降，在骨的截面上则出现相反的变化。同样，竹子的中空节状结构，以及纤维密度沿径向分布逐渐增加的特点，都使其用最少的材料获得最大的抗弯强度，具有优良的抗倒能力，这是适应自然的优化选择结果。通常树木生长挺直，一旦树木倾斜，偏离了正常位置，便会在高应力区产生应力木，使树干重新恢复正常位置，这无疑说明树木具有某种反馈功能和自我调节的能力。

（2）创伤自愈合特性　天然生物材料具有显著的创伤自愈合特性，即在受到损伤或破坏后，能够自行调整并进行创伤愈合。以树木为例，当树皮被剥离后，暴露的表面会形成愈伤组织并填充部分空隙。在这个过程中，韧皮部和木质部中的薄壁组织表现得特别活跃。愈伤组织的形成始于形成层，从受伤的边缘向中心逐渐延伸。新的维管束形成层产生出木质部和韧皮部，与茎内未受伤的组织相连接，最终完成创伤的愈合。同样，骨骼也具备自然愈合的能力。当骨折发生时，断裂处周围的血管破裂，形成以裂口为中心的血肿。血肿逐渐形成血凝块，在6~8天内实现初步衔接。随后，周围的毛细血管开始增生，纤维母细胞和巨噬细胞等细胞进入断裂处，取代血凝块形成由纤维组织构成的骨痂。同时，骨内膜和骨外膜开始增生和加厚，大量的成骨细胞生长并生成新的骨组织。断口内的纤维性骨痂逐渐转化为软骨，随后增生和钙化，最终形成骨质。经过一段时间，中间骨痂和内外骨痂合并，通过成骨细胞和破骨细胞的协同作用，使原始骨痂逐渐转变为正常的骨组织。

天然生物材料自愈合过程的共同特征是：①愈合过程是由损伤而引起的，在生命机能没有受到致命伤害的情况下，损伤是启动愈合机制的最基本条件；②在愈合初期，损伤逐渐被由损伤刺激而产生的增生组织所填充；③通过机体的输运、化学反应，填充在损伤部位的物质（如薄壁组织、凝块等）发生变化，强度提高，构成与周围组织的有效连接；④愈合过程需要一定的物质供应及能量供应，以产生填充损伤的组织，而向损伤处进行物质供应的输运过程都有液相的参与；⑤生物的愈合是使损伤处的有效连接恢复。天然生物材料具备创伤自愈合的特性。无论是树木还是骨骼，在受损后能够自行调整并启动愈合过程。这种自愈合的能力是生物长期进化的结果，为其适应环境变化和保持结构完整性提供了重要保障。天然生物材料的自愈合特性是自愈合智能材料设计的灵感来源之一。

（3）含水率对性能的影响　地球生命起源于海洋，因此生物体内含有丰富的水分。天然生物材料的化学成分往往具有亲水性，其中的有机大分子与水分子之间形成的氢键对分子间的相互作用产生重要影响。例如，在潮湿环境下，一些材料会吸收水分并发生体积膨胀，导致尺寸的变化和力学性能的下降。这可以解释为何古籍中记录了反曲复合弓在潮湿环境下射程下降的情况。此外，木工实践中常常通过提高木材的湿度和温度来进行弯曲加工，因为水分的存在可以增加木材的柔韧性，使其更易于塑形和弯曲。除了对力学性能的影响外，含水率还会对天然生物材料的其他性能产生影响。例如，含水率的变化可以影响材料的稳定性和耐久性。过高或过低的含水率可能导致材料的腐败、变形或破裂。适宜的含水率有助于提高材料的抗老化和耐久性能，确保其长期稳定的使用。了解和控制材料的含水率是优化其性能和应用的关键。在工程和制造领域，合理管理和控制含水率可以充分发挥天然生物材料的独特性能，并确保其在各种应用中表现出理想的性能和可靠性。

3. 天然生物材料的分类

根据材料的组分和构成，天然生物材料包括生物大分子和生物矿物。三种主要的生物大分子中，核酸作为遗传物质通常不以宏观材料的形式存在；而蛋白质和生物多糖形成的动植物的支撑结构，则是天然生物材料的主要来源之一。生物矿物则通常来自于生物硬组织。下面重点介绍三种主要的天然生物材料：结构蛋白、结构多糖和生物矿物。

4.1.2　结构蛋白

蛋白质是生物体中非常重要的生物分子，它是由氨基酸通过肽键连接而成的长链生物大分子。几乎所有生物体内最基本的生物活动都与蛋白质密切相关。在细胞中，蛋白质是最丰富的生物分子之一。蛋白质具备多种不同的生物功能，其中一种主要功能是结构功能。结构蛋白质通过折叠和组装形成特定的结构，为细胞和组织赋予形态和机械特性。这些结构蛋白在动物体内扮演关键角色，如构成角、腱、韧带、骨骼、蚕丝和细胞骨架等。结构蛋白可以与多糖和生物矿物质结合，形成具有特定柔性或刚度的结构，如骨骼、皮肤和叶脉。

下面将重点介绍几种最常见的结构蛋白，包括胶原蛋白、丝心蛋白、角蛋白，并探讨它们的特殊结构、组装机理，以及构成材料的力学性能。通过深入研究这些蛋白质的特性，能够更好地理解生物体内各种组织的结构和功能。

1. 胶原蛋白

胶原蛋白是一种具有重要功能的蛋白质，在所有多细胞生物中广泛存在。在哺乳动物身上，约30%的蛋白质是胶原蛋白（Collagen）。胶原蛋白是细胞外基质的主要结构组成，也构成了皮肤、骨骼、腱、软骨、血管和牙齿等组织的主要纤维成分。此外，胶原还是细胞骨架的重要组成部分，因此在几乎所有器官中都以不同程度存在。胶原蛋白在成熟组织中发挥结构作用，同时对发育中的组织具有定向作用。其独特特性之一是能形成高强度的不溶性纤维，并且其分子结构可以被修饰以适应特定组织的功能需求。

胶原蛋白有多种类型，自17世纪以来已经发现了28种。其中Ⅰ、Ⅱ和Ⅲ型胶原蛋白占了人体胶原蛋白的80%~90%。其他类型的胶原蛋白被称为"少数胶原"（Minor Collagens）。这些蛋白的含量虽然低，但却有重要的功能。所有的28种胶原蛋白都带有一个或者更多的三股螺旋结构域。这些结构域的氨基酸包含着"G-X-Y"的重复结构，其中G代表甘氨酸（Glycine，Gly）的残基，X通常代表脯氨酸残基（Proline，Pro），Y通常代表羟脯氨酸残基（Hydroxyproline）。脯氨酸是20种基本氨基酸中唯一一个侧基与α氨基形成环状结构的。脯氨酸的周期性出现给肽链带来了扭曲的结构。氢键使三个肽链组装成三螺旋胶原蛋白原纤维。

图4-4所示是Ⅰ型原胶原分子结构。原胶原的质量约为285kDa，由两条 a_1 和一条 a_2 链共三条多肽链组成，每股多肽链中都有约1000个氨基酸残基。Ⅰ型原胶原分子长约30nm、

74

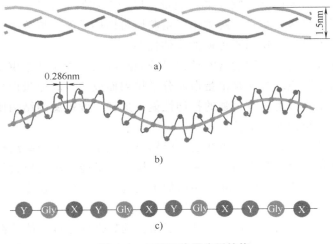

图 4-4　I 型原胶原分子结构

a）螺旋示意图　b）构象　c）化学结构示意图

直径约为 1.5nm，其中三条肽链由于脯氨酸的周期性存在都具有螺旋构象（注意：这里与 α 螺旋并不相同）。此外，三股螺旋互相缠绕形成强度很高的原胶原纤维。在骨等组织中，这样的 5 根原胶原纤维轴向平行地聚集在一起形成直径约为 4nm 的微纤维，其中，每两根原胶原纤维间都有 1/4.5 分子长度的错位。这种排列方式通常叫 1/4 错位。轴向相连接的微纤维之间有约 30nm 的空隙。在电镜或 X 射线衍射下可观察到这种 1/4 错位和空隙组合的周期性特征的 64nm 带状图样。

脊椎动物体内胶原蛋白的合成主要由成纤维细胞（Fibroblast）完成。成纤维细胞是一种存在于蜂窝组织或纤维结缔组织中的梭形细胞。在成胶原纤维细胞中，原胶原分子在核糖上的粗内质网上形成后，被 N 端一段肽段（信号肽）控制定向输送。经过转移内质网的微腔，向高尔基体移动。在高尔基体中，原胶原分子的 C 端可能被修饰完善，几个分子被高尔基体中的小囊泡包在一起，通过细胞骨架向细胞膜运动。同时，其中的原胶原分子并排集结成纤维晶粒。小囊泡和细胞膜接触后，由外吐作用排出。排出后，取向相同的聚集在一起的原胶原分子进一步自组装成有序排列的微纤维。这个自组装过程的机理，仍然是值得深入探讨的课题。

微纤维进一步组装成直径为 10～300nm 的胶原纤维，具体直径或厚度依组织而异。例如，胎儿鼠的尾腱中，胶原纤维直径是 3nm，而成年鼠的是 450nm。人类胎儿的椎间盘中的胶原纤维直径是 31nm，而成人的是 40nm 或 100～150nm 两种。成人心脏瓣膜叶中的胶原纤维直径是 31nm。纤维的这种有序列可以看成是晶体，因为它有确定的熔点（约 60℃）。超过这个温度，胶原纤维会缩短 2/3 并变成橡胶状。这完全与晶体熔化的一级相变一样。组织中的胶原纤维通常被细胞外的基质所包围，使其构造成为体。这种基质的主要成分是高分子量的透明质酸和蛋白聚糖的分子聚集体。蛋白聚糖可以吸水使基质膨胀，起支撑胶原纤维的作用。

腱，也称为肌腱，是连接肌肉和关节附近骨骼的结缔组织。其主要功能是将肌肉的收缩转化为关节的运动。因此，腱需要同时具备韧性和足够的强度，以能够有效地传递肌肉所产生的力量。此外，腱还需要能够吸收大量的能量，以应对如膝关节在着地时所产生的力量，而不发生断裂。为了满足这些要求，腱采用了由胶原蛋白构成的独特分级结构，从分子水平到宏观水平实现了最大纵向可逆和不可逆的拉伸性能。

在胶原蛋白的分级结构中，腱的基本单位是胶原纤维束。胶原纤维束是由许多微小的胶原纤维组成的，而这些胶原纤维又是由蛋白质分子排列而成的。胶原蛋白分子由三股螺旋状的多肽链组成，在分子水平上具有很强的拉伸性能。这种三股螺旋的结构使得胶原蛋白能够抵抗拉伸力，并保持其结构的稳定性。

除了分子级别的结构，胶原纤维束在宏观级别也呈现出特殊的分级结构。胶原纤维束中的纤维与周围纤维之间形成交错排列，这种交错结构使得腱能够承受更大的张力。此外，胶原纤维束还通过蛋白多肽链之间的交联作用增加了结构的稳定性和强度，进一步提高了腱的性能。

这种胶原蛋白分级结构的设计使得腱具备了出色的韧性和强度，能够在肌肉收缩和关节运动中有效地传递力量。同时，腱还能够吸收大量能量而不发生断裂，确保身体在高强度运动和冲击下的稳定性。这种独特的分级结构为腱的功能提供了坚实的基础，并且在胶原蛋白的纵向拉伸性能方面取得了最佳的平衡。

由于胶原具有特殊的立体结构，成年动物体的胶原是极稳定的。在生理状态的 pH 值（中性条件）、温度及离子浓度等条件下，除胶原酶外，一般蛋白水解酶难以降解胶原蛋白。有三类酶可降解胶原，即金属蛋白酶、中性蛋白酶和溶酶体组织蛋白酶。现有的研究表明，只有带有钙辅因子的锌蛋白酶能够有高效降解具备三重螺旋结构的胶原酶。

2. 丝心蛋白

丝心蛋白（Fibroin）是一种昆虫和蛛形纲动物中的丝所含的蛋白质。它是由重复的氨基酸序列组成，其中最为著名的是蚕丝中的丝素蛋白。蚕丝几乎完全由蛋白质构成，但具体的蛋白质种类因蚕的品种而异。常见的蚕种包括家蚕（Bombyx Mori）、柞蚕（Antheraea Pernyi）、天蚕（Antheraea Yamamai）、印度柞蚕（Antheraea Mylitta）、姆珈蚕（Antheraea Assama）等。此外，虽然蜘蛛并非昆虫，但它们也能产生类似蚕丝的丝线（蜘蛛丝）。例如，马达加斯加的一种蜘蛛（Nephila Madagascariensis）的丝与天蚕科蛾的丝心蛋白纤维相似。

丝心蛋白具有很高的强度和耐久性，同时具有良好的柔软性和光泽。这使得蚕丝成为一种理想的纺织原料，并被广泛用于制作丝绸和其他纺织品。蚕丝中的丝心蛋白主要由两种蛋白质组成：丝素（Sericin）和结晶型蛋白质（Fibroin）。其中，丝心蛋白是蚕丝的主要成分，占据了大约70%~80%的比例。它具有高度有序的结构，由多肽链组成，肽链之间以 β-折叠结构相互堆叠形成纤维。除了蚕丝之外，丝心蛋白还在生物医学领域具有广泛的应用。由于其良好的生物相容性和可降解性，丝心蛋白被用作药物传递系统、组织工程和修复材料等方面的基础材料。它在皮肤再生、骨组织工程、伤口愈合和药物缓释等方面展示了潜在的应用前景。长期以来，国内外学者已经对蚕丝产生的分子机制、细胞学机制、蛋白质化学有了详细的研究，在此基础上人们正试图用 DNA 重组技术合成新型类蚕丝蛋白质。

现以家蚕丝为例，说明其分级结构（图4-5）。依赖于蚕丝的种类不同，断面有很多种几何形状，直径从 0.01~50μm 不等。丝心蛋白一般约占蚕丝成分的 70%~75%，包围丝心蛋白的丝胶蛋白占 20%~25%，其他成分主要分布在丝胶中，如蜡质（0.4%~0.8%）、色素（约0.2%）、碳水化合物（1.2%~1.6%）、无机物（0.7%）。

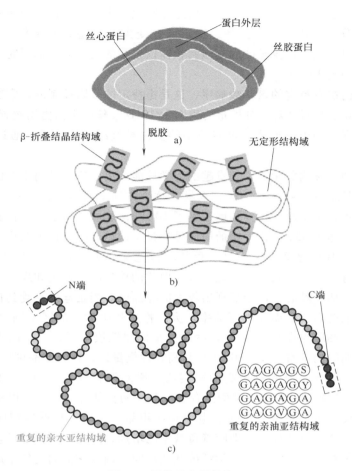

图4-5 蚕丝的分级结构

a）生丝纤维由两根纤维素纤维组成，它们被丝胶（一种蛋白质）覆盖，形成一个

蛋白外壳，脱胶后，丝胶被去除，纤维素纤维溶解在溶液中

b）β-折叠晶体嵌入蚕丝纤维蛋白基质的示意图 c）丝心蛋白由亲水和疏水重复亚结构域组成

　　家蚕丝心蛋白分子量为 $(3.7\pm0.5)\times10^5$ Da，其多肽链中包含结晶区域和非晶区域。结晶区域的氨基酸顺序为 Gly-Ala-Gly-Ala-Gly-Ser-Gly-Ala-Ala-Gly-（Ser-Gly-Ala-Gly）3-Tyr，其特点是 Gly 和 Ala 的大量重复。非晶区域规律较差，有 4 种多肽组分，含酪氨酸、缬氨酸比例比结晶区高。主链中结晶区域和非结晶区域交互排布，每两个结晶区域（单个结晶区含 60 个残基，分子量约 4100）和两个非晶区域（每个非结晶区域残基数为 49，分子量约为 3800）组成一个重复单元，分子量约为 15800。丝心蛋白分子是由 22 个这样的重复结构单元组成的。

　　丝心蛋白的构象有 silk Ⅰ型和 silk Ⅱ两种。其主要特征是 β 片层二级结构，层间有疏水性相互作用，链间受氢键作用，通过对蚕丝形成过程的细胞学研究得知，在家蚕蛾幼虫的绢丝腺中逐渐合成的可溶性 silk Ⅰ型液态蛋白，经绢丝腺末端吐丝管压出而成为不可溶的 silk Ⅱ型蛋白。蚕刚吐出的蚕丝表面有无数微小水滴，推想是自 silk Ⅰ型蛋白内部"绞出"的水分。用偏光显微镜进行流动双折射分析，以及圆二色性分析都证明，绢丝纤维化是在吐丝

77

部位急剧发生的。这表明，当液态丝心蛋白通过吐丝管内受到压挤，把原来折叠、卷曲的部分液态丝心蛋白分子依流动方向排齐，特定部分变为 β 构造，并聚集形成结晶区。同时，由于吐丝口的牵引给予通过压丝区的凝固网状体以很强的切变力，瞬间完成纤维化。蚕丝排出速度很快，平均约 1cm/s。

每种蚕丝蛋白都有特定的氨基酸顺序，这是由特定的基因控制的。家蚕中丝心蛋白的基因结构含有 16000 多个碱基对，分子量约为 1.3×10^7 Da。丝心蛋白由绢丝腺细胞合成和分泌，并以液态形式储存在绢丝腺腔内。这些液态的蛋白经过绢丝腺中部，通过吐丝管压出成为蚕丝。

蚕丝蛋白质的特殊构象赋予了其卓越的力学性能。由于纤维轴向主要由强烈相互作用的共价键构成，并且结构中存在非晶区，蚕丝在这个方向上既具有高强度，又具有大的延伸率。实验数据显示，家蚕丝的拉伸强度达到了 10GPa，这可与高强度的合成纤维相媲美。同时，其延伸率可以达到 35%。β 片层的横向是通过氢键结合的，这种结构在纤维受到拉伸时可以稳定 β 片层。片层之间主要通过长程的弱范德瓦尔斯力作用，因此，层间可以滑动，使得蚕丝纤维具有柔韧性。人们在研究蚕丝蛋白质的构象时，发现如果侧链中含有较大的 R 基团，如酪氨酸，那么丝心蛋白会展现出较大的非晶区。当蚕丝纤维受到拉伸时，这些非晶区可以承受较大的变形，从而使得延伸率增大。柞蚕丝中的非晶区比例较大，其应力-应变曲线类似于头发：屈服点在 0.05 处，之后是一个低弹性模量区，这是因为在拉伸过程中非晶区逐渐取向。曲线的末端（应变 0.35）是高弹性模量区，此时非晶区已经完全取向。

蚕丝具有比 Kevlar 纤维和钢更高的断裂功，这使得它成为一种出色的能量吸收材料。Kevlar 是一种人工制造的芳香烃氨基酸聚合物，其结构在某种程度上可以看作改良版的仿蚕丝合成纤维，主要用于制造复合纤维、电缆和纺织品。然而，与蚕丝相比，它的断裂功较低。蚕丝还具有一个独特的性质，即随着负载率的增加，其强度和弹性模量增加的同时，延伸率也增加。这种特性与绝大多数化学纤维截然不同，因为它们的延伸率通常会随着负荷率的增加而下降。这使得蚕丝在应对不同负荷情况下能够更好地保持其结构完整性和力学性能。

与此类似，蜘蛛网展现了令人叹为观止的材料和能量高效利用，仅仅 180 μg 的丝心蛋白就足以构建一个覆盖面积达到 100cm^2 的蜘蛛网。蜘蛛网通过巧妙地平衡刚度、强度和延伸能力，能够将飞虫的冲击能量分散到大范围的网面上。有趣的是，大约 70% 的冲击能量会通过黏弹性拉伸过程转化为热能而耗散掉，这有助于防止网破裂或将捕获物反弹回去。值得注意的是，蜘蛛网的力学性能会受到环境因素的影响，包括温度、湿度和变形率等。这意味着在不同的环境条件下，蜘蛛网的特性和表现也会有所变化。因此，蜘蛛通过调整其网的结构和属性，使其适应各种环境条件，从而确保其有效地捕捉到飞虫，并保持结构的稳定性和耐久性。

3. 角蛋白

角蛋白是一大类蛋白质，常见于脊椎动物的皮肤、毛、发、角、蹄中，角蛋白含有大份额的硫，或交联的酪氨酸残基。按物种可将角蛋白分为哺乳动物角蛋白、鸟角蛋白和爬虫类角蛋白三大类。

目前对哺乳动物的角蛋白（如人体毛发和羊毛中的角蛋白）研究最为详细，图 4-6 所示是人类头发的分级结构。分级结构中的最小单元是角蛋白螺旋，其多肽链大体上与角蛋白的

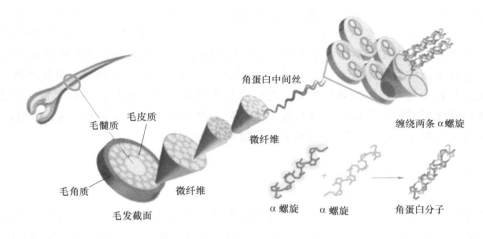

图4-6　人类头发的分级结构

轴向平行。角蛋白纤维的衍射图案中观察到的 0.50～0.55nm 的大周期与 α 螺旋模型中的螺距（0.54nm）相当；图案中观测到的 0.15nm 小周期与 α 螺旋中每个残基绕轴旋转 100°时轴向平移距离（0.15nm）相当。角蛋白是 α 螺旋的典型实例。在角蛋白中，三股右手 α 螺旋向左缠绕拧成一根，称为原纤维结构，直径为 2nm，这就是 α 组合的超二级结构。原纤维再排列成"9+2"的电缆式结构，称为微纤维，直径为 8nm。微纤维包埋在硫含量很高的无定形基质中。成百根这样的微纤维又结合成一不规则的纤维束，称为大纤维，其直径为 200nm。一根毛发周围是一层鳞状细胞，中间为皮层细胞。皮层细胞横截面直径为 20 μm。在这些细胞中大纤维沿轴向排列，所以，一根毛发具有高度有序的结构。毛发的性能就取决于 α 螺旋及这样的组织方式。角蛋白的伸缩性能很好，在湿热条件下，一根毛发可以拉长到原有长度的 2 倍而不断裂。当 α 螺旋被拉伸超过其屈服点时，各圈间的氢键被破坏，转变为 β 构象。当张力除去后，单靠氢键不能使纤维恢复到原来的状态。螺旋是由被包埋在基质中的半胱氨酸残基间的二硫键交联起来的，一般认为每 4 个螺圈就有 1 个交联键。这种交联键既可以抵抗张力，又可以作为外力撤销后使纤维复原的恢复力，结构的稳定性主要是由这些二硫键保证的。二硫键的数目越大，纤维的刚性越强。基质主要由非纤维多种成分蛋白无规则排列而成，其中胱氨酸占有相当份额。根据含硫量大小，角蛋白可分成硬角蛋白和软角蛋白两种类型。蹄、爪、角、甲中的清蛋白是高硫硬角蛋白，质地硬，难拉伸；皮肤和胼胝中的角蛋白是低硫软角蛋白，它们的伸缩性比硬角蛋白好。

4. 结构蛋白组装三定律

当生物体用基本相同的结构蛋白大分子（纤维蛋白、胶原及多糖）构造出形貌和功能完全不同的系统时，它们共同遵循下面三条定律：

（1）大分子结合成含有几个不同大小层次的组织　通常这些大分子结合成纤维状，这些纤维状本身又是用更小的亚纤维组成。纤维常排列成多层结构以体现出整个复杂系统所需要的特定功能。在生物复合系统中观察到的大小层次至少有 4 级结构，即分子水平、纳米级、微观层次、宏观水平。这个结构是一个有序分级结构的生物复合系统中所需的最起码的构成结构单元。

（2）多层次结构被具有特殊相互作用的界面连接在一起　有相当多证据表明，界面上的相互作用本质上是在特定活化结点上或具有晶体特性的外延排列下的分子间化学键合。

（3）纤维和层状物组装成有取向的具备特定功能性的分级复合系统　这条组装定律使系统具备如下功能，即随着整个系统及使用的复杂程度提高，系统对复杂的环境有高度的适应能力。这种所谓"智能复合系统"取决于按照高级功能需要设计出的复杂组装排列。

对天然材料中复杂行为按照分级方法进行的分析有助于理解它们在不同尺度上的结构。这种方法在高级新型材料的设计中特别有价值，是一种有效的分析和描述工具，目前，人们正在探索决定这种分级结构中结构性能关系的物理和化学因素。

4.1.3　结构多糖

糖类是一类重要的生物大分子。它们大多是由绿色植物通过光合作用合成的，并储存太阳能量。绿色植物利用体内的叶绿素，通过一系列复杂的反应过程，将二氧化碳和水转化为糖类分子。这些糖分子在人体内经过分解过程，最终转化为能量，为生命提供动力。相比于蛋白质而言，目前人们对多糖的认识较少。因为对于化学过程来说氨基酸比多糖更易于控制，并与基因密码密切相关。虽然糖类在生物的生存和发展中不像核酸和蛋白质那样起着决定性作用，但它们在生理功能中扮演着重要角色，是能源物质和细胞结构的组成部分。糖类在参与新陈代谢等生理过程中占据着重要地位。多糖不仅具有较简单的化学合成方法，而且资源丰富，因此在商业上具有很大的价值。纤维素、壳多糖、角叉菜胶、琼脂等产品都属于多糖的范畴。它们在建筑、造纸、食品稳定剂、纺织和染织等领域发挥着重要作用。因此，多糖作为自然界中的重要物质，不仅在生物学上具有重要功能，而且在商业中也展现出广泛的应用潜力。

按照结构特征，糖可大体分为四类：单糖、寡糖、多糖和复合糖。单糖是糖的基本单位，由碳、氢、氧元素组成，分子式通常为 $C_n(H_2O)_n$，其中 $n>2$。葡萄糖是一种在自然界广泛存在且经过充分研究的典型单糖。糖的分子具有使平面偏振光旋转的能力，根据旋光方向的不同，可以将糖分为右旋（正）和左旋（负）两种类型。糖有两种构型，一种是 D 型，另一种是 L 型。大多数生物体中存在的糖为 D 型糖，而 L 型糖在生物材料中含量较少但确实存在。例如，在与植物细胞相互作用的果胶中存在 L-鼠李吡喃糖（L-rhamnopyranose）。

任何具有重要力学性能的多糖都是由己糖（六碳糖）构成的。这些己糖具有 4 种可能的构象。例如，右旋吡喃葡萄糖（β-D-glucopyranose）有 4 种可能的构象，其中最常见和最可能的构象是椅式构象，因为这种构象的内能最低。它的内部各键应力最小，而环上伸出的各官能团间相互作用最弱。β 型糖中的 1 号碳原子所连 OH 在环面之上，而 α 型糖中的 OH 及 H 的位置与 β 型糖相反。糖单元侧基的改变可以改变多糖的化学性质。化学家利用这种改变侧基的方法就可以得到具有不同电荷及化学性质的糖单元。

糖单元互相连接的方式与氨基酸相比有更多的可能。氨基酸只通过肽键相连接，肽键的立体构象是非常稳定的。单糖则可以通过分子上任意的羟基发生缩聚反应而成键。这些键按它们是 α 型或是 β 型，以及它们在碳环上的位置命名。糖类常常能形成分子内半缩醛，得到的产物具有五元环或六元环。六元环的半缩醛称为吡喃糖（Pyranose）。在吡喃糖中有 5 个可反应点：$C(1)$、$C(2)$、$C(3)$、$C(4)$、$C(6)$，其中每一个都能以 α 型或 β 型出现，因此共有 10 种位置，100 种方式可使两个吡喃糖结合成二糖。但实际情况要比这个数字小得多，这说明糖单体的组装过程一定是受到严格控制的。纤维二糖（Cellobiose）是纤维素的降解产物，纤维二糖分子的两个 β-D-缩葡萄糖单元由 β-1，4 键连接，和肽键类似。连接两糖之间的键的两端可以自由旋转。

单糖之间的连接由于氢键而得到加强。氢键可能存在于任意的氢和氧原子之间，而在蛋白质中氢键的形成受到更多的限制，因此多糖比蛋白质具有更多的稳定构象。显然，这种结构在晶体中更为稳定。因为在含水环境中水分子会与糖竞争形成氢键的位置，而糖中氢键的削弱会使相邻单元间旋转加强，导致出现任意卷曲的构型的趋向。另外，也有在溶液中稳定存在的结构，其原因在于，它的螺旋式由氢键加强的稳定结构随尺寸的增大，结合力增强，因而结构更加稳定。在晶体中存在的这些结构可用 X 射线衍射法测定其构象。

任意两个碳环间的直接连接都只有两个可作为转轴的键。但若将在侧链上的 $C(6)$ 原子包含在内则灵活得多，这不仅因为这样有三个可旋转的键，而且因为两个碳环间距离变大，彼此相互作用变小的缘故。在结构生物高分子中，这种连接方式在多糖链与蛋白质链的结合处最为普遍。

多糖的很多结构包含不止一种结合方式和不止一种单体。单体在高分子中主要有两种组织顺序，分别是周期式（ABABAB…）和嵌段式（AAAAAABBBAAAABBBAA…）。前者的组织富有规律性，后者单体以不同长度的块状存在。因为单体间连接方式不一定相同，分子构象也就不可预测了。通过计算机模拟和 X 射线晶体学的结合研究发现，混合连接的周期性链可形成从起伏的带状物到拉长的中空螺旋状物等多种形式。

糖与氨基酸在形成聚合体时表现出两点不同：

1）多糖的侧链在大小、构象、极性、电荷等方面变化的多样性远不及蛋白质，且无憎水性反应，因此存在高度亲水性氢键或者离子间相互作用的可能性。

2）多糖单体间可能存在的键的种类非常多，从而导致种类繁多的不同的周期性结构。这些结构的糖链很长，使较弱的吸引力在两条以上互补的链中积累，结果足以达到稳定的坚固的键所具有的强度。

三种重要的生物材料——纤维、弹性固溶胶及黏弹性固溶胶都是由多糖聚合形成的。在一定条件下，这三种状态可以相互转化，所以可以用弹性固溶胶（如角叉菜）和黏弹性固溶胶（如透明质酸）制成纤维。这样，就能用 X 射线衍射方法研究其结构。反之，还可以用纤维制成固溶胶，如以几丁质和纤维素为原料制胶，这是一些工业生产的基础。

1. 纤维素

在纤维中，最丰富的是纤维素和几丁质。纤维素（Cellulose）是自然界中分布最广、含量最多的一种多糖。植物体内约有 50% 的碳以纤维素的形式存在。估计地球上绿色植物每年大约净产有机物 $(15 \sim 20) \times 10^{10}$ t，其中纤维素占 $1/3 \sim 1/2$。除植物纤维素外，自然界尚存在一些动物纤维素和细菌纤维素。纤维素的生物学功能主要有两个方面：①作为动物、植物或细菌细胞的外壁支撑和保护物质，使细胞保持足够的抗张韧性和刚性；②作为生物圈中维持自然界能量和营养物质平衡和稳定的储存物质。如果自然界中纤维素的含量不是如此巨大，纤维素的化学性质不是如此稳定，则地球大气中的 CO_2 含量将骤增。

纤维素是一种线性多糖，其通用分子式为 $(C_6H_{10}O_5)_n$。它由数百至数千个葡萄糖单元连接而成的线性链组成。纤维素的结构和构象如图 4-7 所示。纤维素聚合度（DP）越高，分子量就越大，纤维素的物理性质和化学性质也会有所不同。纤维素聚合度的大小对于纤维素的应用和性能有很大影响。例如，聚合度高的纤维素更加坚硬和耐久，适合用于制造纸张、纤维板等材料；而聚合度低的纤维素则更容易被微生物降解，适合用于生物质能源的生产。此外，纤维素聚合度也会影响纤维素的水解性，即在生物质的转化过程中，聚合度越高的纤维素越难被水解成单糖，从而影响生物质能源的生产效率。因此，研究纤维素聚合度的变化和调控，对于提高生物质能源的生产效率和开发新型生物材料具有重要意义。

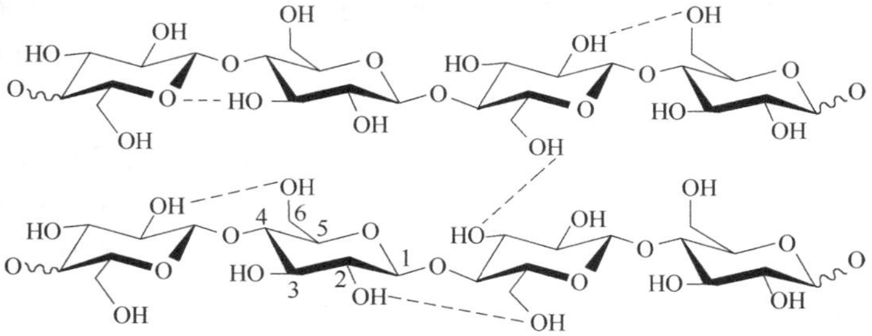

图 4-7　纤维素的结构和构象

根据 X 射线衍射分析的结果，发现微纤维核心中纤维分子的长链呈现 Z 形曲折构象。在这种构象中，相邻的两个葡萄糖残基互相扭转了 180°，导致一个葡萄糖残基的 C-3 羟基基团与另一个葡萄糖残基的吡喃环上的氧原子形成氢键。这种构象的存在抑制了邻近的葡萄糖残基沿糖苷键的旋转，并形成刚性的长链分子结构。由此，吡喃环的各原子基本上处于同一平面，形成了椅形构象。纤维素晶胞中含有来自 5 个纤维素分子的 5 个纤维二糖残基。晶胞的 b 轴长度为 1.03nm，与纤维二糖残基的长度相等。其 a 轴和 c 轴的长度分别为 0.835nm 和 0.79nm。a 轴与 c 轴的夹角为 84°。其中，晶胞的四个竖角顶端分别存在四个纤维二糖残基，而第五个纤维二糖残基位于晶胞的中心部位。吡喃环的椅形构象仅限于（002）平面内，但是只有晶胞中央的纤维二糖残基处于独特的不对称位置。晶胞中央的纤维二糖残基与其他残基相位相差 1/4，这足以说明纤维二糖具有特殊的构象。关于晶胞中央的纤维二糖是否处于倒置构象的问题尚无定论。根据其他大分子的构象规律，一般认为在这个晶胞中，纤维二糖分子可能呈现反平行的构象状态。在晶胞内部，纤维二糖残基之间形成了一些氢键。这些氢键是由一个残基的 C-5 羟基基团与相邻残基的糖苷键氧原子之间形成的。在细胞壁内，微纤维格按照（101）平面定向排列，使得它们与细胞质膜表面保持平行状态。

通常认为纤维素链同时存在结晶和非晶结构。在纤维素微纤维的中央，微纤维以大致平行的方式排列，并呈现一定的规律，形成有序结构，这个区域也被称为纤维素微纤维的微晶区。在微晶区的外围，存在一个称为长带区域的无序结构区域，微纤维在此区域交织在一起，形成无定形结构。有时两束微纤维融合在一起，会形成更为复杂的结构。这种融合可以在纤维素微纤维的中部微晶区和外围无定形区之间发生，创造出独特的纤维素纤维网络。这种网络结构的存在对于纤维素的性质和应用具有重要影响。

2. 几丁质与壳聚糖

几丁质（Chitin）是真菌细胞壁的常见组成成分。有少数真菌不含几丁质。即使一些真菌不含几丁质，但其细胞壁仍含有少量其他多糖物质。此外，几丁质还存在于一些绿藻之中。几丁质大量存在于昆虫和甲壳类动物的甲壳之中，于是几丁质也称为甲壳质。虾、蟹壳中富有的甲壳质是一种白色、无定形的半透明物质。估计自然界中每年生成的几丁质约有

100t。在天然聚合物中几丁质的储存量占第二位，仅次于纤维素。目前最经济的方法是从虾、蟹等动物的甲壳中提取几丁质。近年来，几丁质已大量用于制造各种产品，如人造皮肤等。用壳二糖聚合成的几丁质能制成可透气、吸水的薄膜。如将此"人造皮肤"贴在烧伤或烫伤的创口上，则创口中的溶菌酶即可缓慢地分解此薄膜，从而加快伤口的愈合。美国、日本的某些制药厂已能生产含有几丁质的绷带和橡皮胶带。

　　几丁质的结构和构象可以参考图4-8。几丁质分子以微纤维的形式排列，其构象与纤维素微纤维相似。通过X射线衍射研究发现，几丁质微纤维具有晶体结构。在几丁质微纤维中，β-1，4-几丁二糖残基沿着纤维晶胞的长轴取向，并呈现Z形构象。这种情况与纤维素非常相似。在几丁质中，一个N-乙酰-D-葡萄糖胺残基的C-3羟基基团与另一个N-乙酰-D-葡萄糖胺残基的糖苷基氧原子之间形成氢键。目前已经确认在几丁质的晶

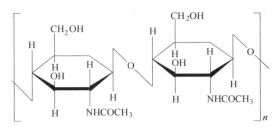

图 4-8　几丁质的结构和构象

胞中，邻近的几丁二糖呈反平行的排列方式。这种氢键的形成既可以出现在几丁质分子内部，也可以出现在几丁质分子之间，这一情况也类似于纤维素的结构特点。

　　几丁质存在不同类型，包括 α 几丁质、β 几丁质和 γ 几丁质等。已经证实，α 几丁质的糖链呈反平行排列，其还原性末端位于相邻两个长链的相对侧末端。而 β 几丁质的长链则完全呈平行排列，其还原性末端全部位于长链的同一侧。γ 几丁质的长链有两根呈平行排列，而另一根呈反平行排列。在同一几丁质分子内，长链本身也可以形成卷曲的平行排列。

　　纤维素和几丁质这两种物质具有极为相似的一级结构，几丁质也可视为纤维素的衍生物，相当于纤维素的 C-2 位置上的羟基由乙酰氨基团置换。有迹象表明，几丁质的第六或第七个残基是没有乙酰基化的，但除此之外，两种纤维素都是均质的。几丁质和纤维素可能都是在细胞膜外合成的。纤维素中初级纤维直径约为 3.5nm，包含约 40 个分子。几丁质中的初级纤维直径约为 2.8nm，一般含 20 个分子。初级纤维可组成直径为 20~25nm 的纤维。据报道，昆虫中有长达 300nm 的几丁质初级纤维，在甲壳纲动物的壳中发现的几丁质的初级纤维的直径最大可达 25nm。

　　纤维素和几丁质是两种具有高弹性模量的高聚物。在拉伸过程中，使用 X 射线分析可以得到纤维素的弹性模量，通常约为 140 GPa。这个值是通过考虑共价键和链内氢键的加强作用计算得出的，这些键对于增强纤维素的刚度起到重要作用。如果忽略氢键的影响，计算得到的表面模量将显著下降，这表明氢键对于纤维素的刚度具有显著贡献。几丁质相比之下应该具有更高的刚度，因为几丁质中的乙酰基可以提供更多的氢键，并且乙酰基的位阻效应降低了连接的流动性。然而，需要注意的是，实际大块材料的刚度通常会低于理论值，这是因为实际材料很难达到完全的晶化状态，并且纤维的取向也不是完全平行的。干纤维素的弹性模量为 100GPa。蝗虫后腿中含有高度取向的几丁质，其湿润状态下的弹性模量为 80GPa。与湿纤维素相同，湿纤维素的刚度下降 1/4~1/2。水通过非晶区域有效地减少了氢键对刚度的贡献。研究表明，纤维素的刚度随着链中单体数量的增加而提高，直到达到 2500 个单体。当单体数量低于此值时，链的破坏主要由链间滑动引起。而当单体数量高于此值时，氢键将链牢固结合，纤维素的破坏主要由链的断裂引起。天然纤维素的长度通常可以达到足以形成

强氢键的 3~4 倍长度，几丁质的长度约为 700 个单体。纤维素和几丁质的应力松弛行为与典型的晶态材料一致，其弹性模量和滞后与应变速率无关，尤其是纤维素，因为其长链和高度的水合作用使得其松弛速度比聚丁烯和胶原慢得多。

壳聚糖（Chitosan）是几丁质去酰胺化的衍生物，是一种带正电荷的线性生物大分子，具有 β-（1-4）连接的 d-葡萄糖胺和 N-乙酰基-d-葡萄糖胺的随机排列的化学结构（图 4-9）。壳聚糖存在大量氨基有助于产生正的 Zeta 电位。由于壳聚糖上氨基的 pKa 约为 6.5，因此它们倾向于在酸性和中性 pH 下保持质子化。然而，壳聚糖的理化性质受 pH 值、分子量和脱乙酰程度影响很大。

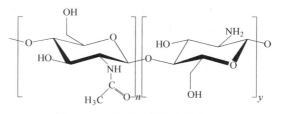

图 4-9　壳聚糖的结构和构象

壳聚糖作为一种常见的多糖，在食品加工、化妆品、织物和水处理等领域得到了广泛的应用。它在食品加工中被用作稳定剂、增稠剂和乳化剂，改善了食品的质地和口感，同时在海鲜保鲜、果蔬保鲜和食品包装方面具有延长货架寿命的作用。在化妆品行业，壳聚糖作为黏稠剂、乳化剂和稳定剂，赋予了化妆品良好的黏附性和稳定性，并具备保湿和抗菌特性。在纺织领域，壳聚糖被应用于纤维素纺丝、染色和印花等工艺中，提供纤维增强效果和抗菌性能。在水处理领域，壳聚糖作为净水剂和污水处理剂，具有吸附重金属离子和有机物的能力，提高了水质，有利于环境保护。此外，在制药和生物医学领域，壳聚糖广泛应用于药物传递系统、伤口敷料、骨修复材料和组织工程等方面，通过其生物相容性、可降解性和抗菌特性促进伤口愈合、控制药物释放和支持组织再生。壳聚糖的多样化应用源于其独特的理化性质和生物特性，为各个领域提供了多种解决方案，并在科学研究和工业实践中不断发展和创新。

3. 透明质酸

透明质酸（Hyaluronic Acid，HA）是一种酸性糖胺聚糖。由于这种生物大分子是在 1943 年被美国科学家 Meyer 和 Palmer 首先在牛眼的玻璃体中发现的，因此也被称为玻尿酸。透明质酸天然存在于许多器官、组织和体液中，特别是在关节软骨和滑液中大量存在。透明质酸由滑膜细胞、成纤维细胞和软骨细胞产生，是细胞外基质的重要组成部分，也在细胞信号传导和伤口修复中发挥作用。透明质酸是一种非蛋白质、非硫酸盐糖胺聚糖，通常由多个带负电荷的透明质酸亚基组成，使其能够吸附和保留水分。透明质酸与水的结合为细胞外基质提供支持，也使其在滑液的生理生物力学中起重要作用，负责润滑和药物弹性。透明质酸的结构单元为 $[C_{14}H_{21}NO_{11}]_n$（图 4-10），众多的羟基和羧基使透明质酸的化学修饰非常方便。因此，有多种透明质酸的衍生物被应用于医疗产业中。

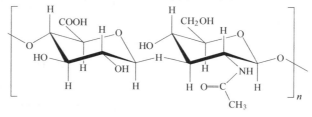

图 4-10　透明质酸的结构和构象

4. 蛋白质与多糖的复合结构

蛋白质与多糖的复合结构是生物体中重要的高分子材料。某一器官或者生物体中仅含有蛋白质或仅含有多糖物质的情况非常罕见，绝大多数生物材料都同时含有蛋白质和多糖，并且它们还含有一定量的水。这样，蛋白质、多糖和水三者相互作用形成了复合材料的三相结构。动物源复合材料中通常包含胶原纤维及其他蛋白质和多糖构成的母相。母相指的是复合材料中纤维或粒子嵌入其中的物质。这些蛋白质与多糖的复合结构主要分为蛋白聚糖和糖蛋白。

蛋白聚糖是一类大分子复合糖。这种复合物由蛋白质和糖胺聚糖通过共价键相连形成（透明质酸除外）。糖胺聚糖是一种长链且没有分支的多糖，与糖蛋白中的糖链部分有所不同，糖蛋白通常由分支的寡糖链构成。因此，蛋白聚糖与糖蛋白的主要区别不在于糖部分所占比例的高低，而在于糖的结构和性质的差异。蛋白聚糖是由肽链和糖链通过共价键连接而成的大分子，在动物体内广泛存在。它们具有非常高的分子量，可达数百万，含糖比例可以超过90%，而蛋白质仅占5%~7%。糖胺聚糖的长链没有分支，具有羧基和硫酸基，其基本结构单元是由糖醛酸和乙酰胺基五糖组成的二糖。

对蛋白聚糖结构研究较为深入的是软骨组织中的蛋白聚糖。在电镜照片中，软骨蛋白聚糖的聚合体呈现出羽毛状的形态，其中心是一条长链透明质酸，两侧排列着约40个蛋白聚糖单体。每个蛋白聚糖单体通过肽链的末端与辅助蛋白"连接蛋白"结合，并固定在透明质酸链上。蛋白聚糖的主干是一条肽链，上面分布着大约80条硫酸软骨素糖链和100条硫酸角质素糖链，以及少量非 GAG 的 N-糖链和 O-糖链。每个单体的分子量约为 2.5×10^6，而聚合体的分子量可达 $(0.3 \sim 2.1) \times 10^8$。蛋白聚糖分子具有可逆的可压缩性，当承受压力时发生变形，这使其在结缔组织中发挥重要作用。它们能够减少摩擦、缓冲冲击，并提供黏性、弹性和亲水性。与胶原蛋白相互作用，蛋白聚糖在结缔组织中对嵌入其中的细胞和器官提供机械支持功能。人体组织由基质、纤维和细胞组成，组织基质中富含糖胺聚糖，这就赋予组织基质许多重要的生理功能，例如：

（1）调节细胞外液的化学组成　组织中的糖胺聚糖具有较强的亲水性，能够吸附和保持水分，对于细胞外液的保持具有重要意义。此外，糖胺聚糖含有丰富的酸性基团，对细胞外液中的钙离子（Ca^{2+}）、镁离子（Mg^{2+}）、钾离子（K^+）、钠离子（Na^+）等阳离子具有高度的亲和力，因此能够调节这些阳离子在组织中的分布。

（2）促进创伤愈合　在皮肤创伤后形成肉芽组织的过程中，糖胺聚糖通常先增生，这种增生现象能进一步促进基质中纤维的增生。尽管机理尚不完全清楚，但糖胺聚糖确实具有促进创伤愈合的作用。同样，糖胺聚糖也能促进组织纤维化的过程。

（3）润滑作用　糖胺聚糖具有较大的黏性，在组织表面形成附着层，能够减缓组织之间的机械摩擦，起到润滑和保护作用。例如，关节液中的糖胺聚糖（主要是透明质酸）附着于关节表面，发挥润滑作用。此外，组织基质中的糖胺聚糖还在维持组织形态、阻止病原微生物或毒素侵入细胞等方面发挥一定作用。

4.1.4　糖蛋白

糖蛋白是一类十分重要的复合糖。广义地讲，凡是通过共价键与蛋白质相结合的复合糖都可称为糖蛋白。但随着这一领域研究工作的广泛开展，大量资料的积累，以及对研究对象的日益深入了解，现已将蛋白聚糖从糖蛋白中划分出来。因此，目前"糖蛋白"的概念是专指由比较短、往往是分支的寡糖与多肽链共价相连所构成的复合糖。在大多数情况下，糖的部分所占比例比较小。

糖蛋白是由蛋白质和中性糖、碱性糖、两性糖或糖胺聚糖等组成的复合大分子，是一类以不均一低聚糖作为辅基的结合蛋白。糖辅基可能为一个或多个，糖键通常具有许多分支，无连续重复单位，多数与多肽键呈共价结合。糖蛋白在人体中普遍存在，是结缔组织中基质的成分，也是一切细胞外基质的成分。几乎所有的细胞都能合成糖蛋白。细胞合成的糖蛋白，一部分留在细胞内构成亚细胞组分，更多的是被分泌到细胞外或作为细胞膜的组分执行多种特殊的生物学功能。

糖蛋白的分子大小很悬殊，分子量范围为 $15000 \sim 10^6$，糖类含量从 1% 到 85% 不等。例如，核糖核酸酶 B 分子量为 14700，每个分子只有一条糖链，而颌下腺糖蛋白分子量接近 10^6，每个分子包含 800 多个糖单位；单糖结合成二糖构成侧键，排列很密，多到每六个或七个氨基酸就有一个二糖。糖蛋白中的糖组分对其功能有着主要的影响。

糖蛋白在自然界中的分布十分广泛，不仅存在于脊椎动物和无脊椎动物中，也存在于植物、单细胞有机体和病毒中。估计糖蛋白占各种天然蛋白质总数的 1/2 以上。人血清的各类蛋白质中，50% 是糖蛋白。在鸡蛋蛋清的各类蛋白质中，95% 以上是糖蛋白。各类细胞表面上大多存在着糖蛋白。动、植物的分泌物和体液中有较多的糖蛋白。在脑下垂体和胎盘性激素、促甲状腺激素和甲状腺球蛋白，包括水解酶、氧化酶和转移酶在内的许多酶类中都发现了糖蛋白。外源凝集素（或称选择素），最初主要从豆科植物种子中获得，现在不仅可从许多非豆科植物中分离出来，还可从脊椎动物和无脊椎动物，甚至许多微生物中分离出来。这些外源凝集素绝大多数都属于糖蛋白。

糖蛋白具有多种生物活性，有润滑、运输、识别、保护等功能。糖蛋白分子连接肽链和糖链的共价键有两种：一种是肽链中的丝氨酸或苏氨酸，通过其侧链羟基和糖链还原末端的 N—乙酰氨基半乳糖（在少数情况下亦可以是其他单糖）形成 O—糖苷键，这里的糖是 O—连接的糖苷键，简称 O—糖链，一般较短，由两三个至七八个单糖组成，亦有例外，多达十多个单糖；第二种是肽链中的天冬酰胺通过其酰胺基和糖链还原末端的 N—乙酰氨基葡萄糖形成 N—连接的糖苷键，简称 N—糖链，一般由七八个至十五六个单糖组成。N—糖链又因糖基的不同，细分为两组：多苷露糖型 N—糖链和复合型 N—糖链。

糖蛋白作为普遍存在的生物高分子，主要具有以下几种功能。

1）作为机体内外表面的保护物及润滑剂。消化道、呼吸道等体腔内含有糖蛋白的黏液，有助于运输并保护体腔不受机械损伤、化学损伤及微生物感染。糖蛋白还存在于关节滑液中起润滑作用。

2）作为载体。糖蛋白与维生素、激素、离子等结合，有助于这些物质在体内转移和分配。

3）作为结构组分。有的糖蛋白可以成为组织骨架的一部分，有的构成亚细胞组分。

4）脑及其他神经组织中的蛋白似乎起一种信息储存和传递神经冲动的作用。

5）与抗体形成有关。糖蛋白可以是抗原决定簇，糖蛋白还参与血凝过程。

6）与动物适应一定的生活环境有关。南极鱼中存在一种特殊的"抗冻糖蛋白"，与水反应后能引起血清冰点降低，使动物能在−1.87℃的海水中生活。

7）糖蛋白是细胞识别机理的必要组分，这是它的主要功能之一。在膜的表面镶嵌着许多糖蛋白分子，它们的糖链伸出细胞外，就像互相联络的文字或信号。许多实验还表明，癌细胞的恶性生长和转移都与癌细胞表面糖蛋白的变化密切相关，细胞表面化学结构的改变造成了生长和位置控制的丧失。此外，糖蛋白也与细胞免疫机理有关，因此糖蛋白正在引起越来越多研究者的重视。

4.1.5 生物矿物

自然界中存在着许多具有独特特性的生物矿物（Biominerals），如贝壳、珊瑚、象牙、鱼骨、牙齿和细菌中的磁性晶体等，这些物质由生命系统通过生物矿化作用形成，是无机矿物和有机高分子组成的复杂多样的复合生物材料。这些材料不仅形状各异，而且具备各种功能。这种材料通常被用作生物的支撑结构或者是特殊的硬组织。生物矿物材料曾是人类早期重要的材料来源。研究生物矿物材料的结构和生物矿化过程对于仿生材料的设计和制备具有重要的启发意义。此外对于骨和牙齿的结构研究也促进了医学技术的发展。

生物矿物材料是生命系统参与合成的天然材料，如骨骼、牙齿、珍珠、贝壳和鹿角等。它们的主要无机成分，如碳酸钙（Calcium Carbonate）、磷酸钙（Calcium Phosphate）、氧化硅（Silica）和铁氧化物（Iron Oxide），在自然界广泛存在。虽然某些矿物质与岩石圈中的矿物在组成和结晶方式上相似（如方解石、羟基磷灰石），但一旦受到生命过程的调控，生物矿物材料就可以展现出常规矿物材料无法比拟的优异特性。它们具有极高的强度，良好的断裂韧性、减振性能、表面质量，以及多种特殊功能。这些卓越性能源于特定生物条件下的精巧组装过程和微观结构的细致设计。

生物矿物材料的合成受细胞调控。通常由细胞组装有机质框架，最后在预先搭建的有机框架内通过盐的过饱和析出或者类似化学合成中的溶胶-凝胶过程形成无机盐固体。这一过程中，细胞对无机盐成分的富集能力和逆浓度梯度进行离子转运的能力明显起到了重要的作用。这种天然复合材料中的有机质（如胶原纤维）不仅起到结构框架的作用，还控制着无机矿物的形成和生长。这涉及复杂的界面匹配和分子识别问题。对于最简单的生物硬组织的矿化过程目前还没有完全了解，研究人员正努力解开这个谜团。

1. 生物矿物的种类与功能

生物矿物是在特定生物条件下形成的，从而具有特殊的高级结构和组装方式。生物器官中存在的生物矿物主要是生物无机固体，如不溶的碳酸钙和磷酸钙，就普遍存在于整个生物世界。许多生物矿物都被用于组装动物的支撑结构或者是特殊的硬组织，如动物的骨骼及其他坚硬部位。羟基磷灰石是骨和牙的主要无机成分；非脊椎动物，即软体动物的外壳（外骨）由方解石和文石构成。为什么非脊椎动物使用碳酸钙来支撑它软组织，而脊椎动物的骨却由磷酸钙构成？这一点目前并不清楚，可能是由于每种生物矿物都具有由其有机组织的进化状态决定的特殊的化学、生物和力学性能。

（1）碳酸钙 在生物界中存在的碳酸钙矿物为文石（Aragonite）和方解石（Calcite）等形式（图4-11），它们都是典型的离子晶格结构。方解石中Ca^{2+}周围有6个CO_3^{2-}的氧配位，而文石则有9个。文石为正交晶系结构，晶胞参数为$a = 0.494nm$，$b = 0.794nm$，$c =$

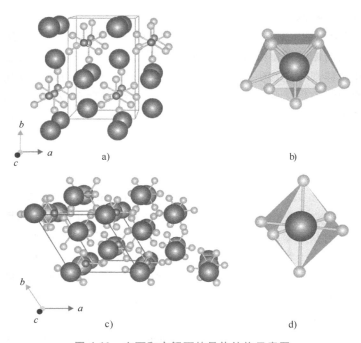

图 4-11　文石和方解石的晶体结构示意图

a）文石的晶体结构　b）文石的配位结构　c）方解石的晶体结构　d）方解石的配位结构

0.572nm，CO_3^{2-} 平面垂直于轴，Ca—O 距离为 0.25nm。方解石为单斜晶系，晶胞参数为 $a=$ 0.572nm，$\alpha=101.9°$，Ca—O 距离为 0.237nm。腹足动物贝壳的珍珠层则由文石结构的碳酸钙组成。虽然在生物系统中形成的多数碳酸钙具有方解石或文石结构，但某些有机体却含有球文石（Vaterite）。球文石是碳酸钙的三种非水合晶体中热力学状态最不稳定的一种，在含水溶液中它会迅速转变成方解石或者文石。在几种海绵中球文石以刺的形式存在（大多数含 Ca 海绵含有富 Mg 的方解石刺），刺可能起结构支撑的作用或者防止食肉动物对它的危害。这种矿物也在鱼的内耳中被发现。

　　碳酸盐生物矿物除了起结构支撑的作用外，还具有一系列其他功能。例如，在动物内耳中有成百的小方解石单晶体耳石构成惰性物质，作为平衡器官阻止线性加速度的变化。这种装置提供的功能类似于半循环通道中的液体阻止角动量变化的功能。这些晶体位于耳膜上，膜上附有感觉细胞。假如线性加速度变化，晶体物质相对于细胞的敏感的伸长导致电信号产生，并输送到大脑中进行调节。另一个特殊的功能存在于绝种的三叶虫化石的生物方解石眼睛中。通过对保存完好的这种生物化石的研究，确定了其角膜晶体的结构和组织，它是由六方方解石单晶体构成的，方解石单晶体由于具有双倍的反射白光的能力而著名，由此可以推测三叶虫具有双倍的视力。研究表明，晶体在眼睛中的排列都具有这种规律，使唯一的非反射的 c 轴垂直于晶体的表面，在这个方向上，方解石晶体表现得像玻璃一样各向同性，从而形成一个单一的清楚的图像。生物无机固体组装方式的复杂设计说明，在许多生物矿化过程中，其结构、组装方式及功能具有密切的相互依赖关系。

　　非晶态碳酸钙还沉淀在许多植物的叶子上，它的作用是储存钙。虽然这种材料在无机系统中非常不稳定，它会在含水溶液中迅速发生相变，但在生物矿物中似乎是稳定的，这是由于生物大分子（如聚糖）在固体表面黏附的缘故。

（2）磷酸钙　生物矿物中最常见的是磷酸钙类，这些不同形式的磷酸钙与矿物中对应的磷酸钙基本相同。最常见的是磷灰石类，其代表为羟基磷灰石 $[Ca_{10}(PO_4)_6(OH)_2]$，以下简称 HA，它的 OH 被 F 取代时形成的是氟磷灰石 $[Ca_{10}(PO_4)_6F_2]$。除此之外，还有磷酸八钙、磷酸三钙、二水磷酸氢钙等，主要是 C、P 摩尔比和 PO^{4-} 质子化以及 Ca^{2+} 的羟基化不同，它们在不同条件下形成，能互相转化。和天然磷灰石一样，生物 HA 的晶体由六面柱体的晶胞组成，$a_1 = a_2 = 0.9432nm$，$c = 0.6881nm$，a 轴互成 120°夹角，a 轴与 c 轴垂直，10 个钙离子、6 个磷酸根和两个氢氧根离子构成一个晶胞。沿轴自上而下投影所得晶胞中央为 OH^-，周围为 6 个 Ca^{2+} 分两层形成的两个平行的三角形；在更外边，又有 6 个磷酸根分两层形成两个平行的三角形。图 4-12 是羟基磷灰石晶体结构沿 c 轴自上而下的投影图。

骨骼是一个能反映无机物和生物无机物之间的巨大差别的典型例子。骨骼中的磷酸钙——羟基磷灰石被认为是一种"活矿物"，因为它在不断地生长、溶解、重构。骨骼的力学性能表明，矿物不仅起结构支撑作用，而且能为保持体内平衡储存钙，并且在需要时提供钙。骨骼的非化学计量性质造成这种钙化组织有压电反应。尽管准确的机理还不清楚，但压力刺激对骨骼矿物生长的作用早已为人所知。历史上曾有过生动的例证，第一次世界大战中受伤的士兵往往用一把小木锤来刺激伤腿。

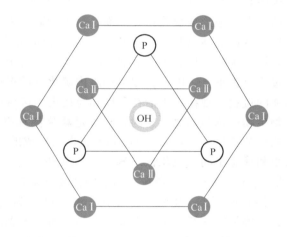

图 4-12　羟基磷灰石晶体结构沿 c 轴自上而下的投影图

在生物矿物的形成过程中，还有许多过程与在试管中所做的模拟研究并不相同，这说明生物无机物的生长不仅无法策划，而且要想在实验室中模仿这种过程也极其困难。

同骨骼类似，牙釉质的结构和组织也源于一种高度复杂的设计系统，以便能适应各种特殊类型的应力。牙釉质的组织很独特，包含长丝带状的羟基磷灰石晶体，在成熟组织中的质量分数为 95%；而在骨中的质量分数为 65%。晶体生长及牙齿成熟的过程是通过对有机组元的消耗来完成的。

在生物系统中还形成有限的草酸钙和硫酸钙。在许多植物中形成单水合草酸盐和双水合草酸盐，起着防虫、支撑和储钙的作用。硫酸钙的沉积是植物代谢、储钙和储硫的一种有效手段，在海蜇幼体中则起着平衡的作用。

（3）氧化铁与硫化铁　氧化铁在生物系统中广泛存在，发挥着多种不同的作用。作为重要的无机补充物，它们在催化剂和磁性介质等领域得到广泛应用，特别是与生物相关的化合物 Fe_3O_4 与生物体有密切的关系。在具有磁性的细菌活动范围内，存在着大量分离的有取向的小晶体的合成过程，其中包括 Fe_3O_4 的合成。这些生物体在地磁场的影响下呈规则排列，北半球的生物体朝向淡水和海水缺氧区（朝北），而南半球的生物体则朝向相反的一极（朝南），因此它们向同一方向游动。

除了 Fe_3O_4，其他铁氧化物如针铁矿和纤铁矿沉积在某些软体动物的牙齿中。例如，普通的笠贝牙齿中含有针铁矿，它们的牙齿像生锈的马刀一样，能够刮取岩石上的海藻。还有一些物种，如石鳖的牙齿，含有纤铁矿和磁铁矿，因此表现出磁性。另一个广泛分布的铁氧化物是氢氧化铁，它是一种褐色的胶状沉淀。将固态氢氧化物加入 Fe^{3+} 溶液中可以缓慢生成这种物质。铁储存蛋白——铁蛋白是一种含有铁的蛋白质，它构成了一个由蛋白外壳包裹的 5nm 的无机核心。这种结构形式可以避免生物体中的无机物质生锈等问题，同时为不稳定的铁提供细胞的保护，避免各种有害的影响。铁蛋白在合成血红蛋白的催化过程中也起着重要的作用。与之前提到的铁氧化物不同，氢氧化铁是一种具有较高溶解度的无序材料，适合用于铁的储存。而针铁矿和纤铁矿等热力学上较为稳定的氧化物则不适用于这种功能。

生命系统中产生有机硫化铁矿物是一个新近引起人们关注的领域。许多硫化铁矿物与降硫细菌相关联。其中许多产物是随机形成的，或者是新陈代谢的产物，如 H_2S 与周围环境中的 Fe^{3+} 反应形成硫化铁。然而，最近的研究表明，特定类型的磁性细菌能够在富硫环境中合成磁铁矿晶体（Fe_3S_4），包括窄条状分散分布的单晶体。这些晶体具有独特的形貌，通常呈链状排列，显示出明显的生物学调控。对于生命而言，硫化过程在地球早期历史中比氧化过程更为重要。因此，细菌细胞内硫化物的形成可能代表了古老的无机材料适应特定生物功能的过程。现在，生活在印度洋海底火山区域的鳞角腹足蜗牛是目前发现的唯一一种有硫化物生物矿物的动物。它的壳与腹足鳞片都具有由 FeS_2 和 Fe_3S_4 构成的硫化物矿物层。这种蜗牛的腹足鳞片是由 Conchiolin 蛋白质构成的。鳞片从外到内有三层不同的结构，分布着大小和形态不同的硫化铁纳米粒子。其外层（6~8μm）含有密集聚集的角状粒子；中间层（约 19μm）含有球形颗粒；内层则主要是富含硫化铁的蛋白质。

（4）硅石类　生物体内存在一些以硅酸为主要成分的矿化结构，如藻类、海绵等。此外，一些植物的纤维也含有硅酸矿物。虽然地壳内硅元素的含量极高，但是二氧化硅极难溶于 pH 为中性的水溶液。但是生物居然能够进化出硅酸盐生物矿物，足可见大自然的神奇。硅酸的形态可分为晶型和无定形两类，其中生物体内的硅酸常处于非晶态，以溶胶、凝胶等形式存在。这些微无定形硅石与玻璃不同，是生物体内形成的特殊无定形硅石。在生物体中，硅石颗粒非常微小（直径小于 5nm），并以各种形态存在，如像硅藻一样的单细胞有机体形成的硅骨骼。一些植物的节间也含有大量硅酸矿物，这使得它们对动物来说不太具有食用性。例如，马尾草富含硅，其干燥的植物部分除了含有水分外，还含有 20%~25%的干重硅。这种植物的表面就像砂纸一样，因此早期美洲人将其作为一种特殊的刷牙工具使用。此外，玻璃海绵（Euplectella，也被称作偕老同穴海绵、维纳斯花篮）能够生成自然界最大尺寸的二氧化硅生物矿物结构。这种海绵能够生成封闭的柱状二氧化硅复合结构网格，其后端有硅质丝插于深海软泥底，靠流经体内的水流而获得食物。玻璃海绵的二氧化硅复合纤维的核心部位有很高的折射率，这种光学性能也让人们认为这是一种潜在的光纤材料。

2. 矿化生物材料的成分

按照矿物成分的组织方式，可以把矿化生物材料分为三类。

1）由多晶排列组成，其中单个晶体至少在一个方向上排列有序，如骨骼、牙齿及各种类型的贝壳。

2）单晶或有限的较大晶体排列组成整个结构，如棘皮动物的整个骨架结构即为方解石的单晶，许多支撑有机体结构的骨针通常也由方解石的单晶组成。

3）无定形矿物，最常见的是无定形 SiO_2。生物材料在成分上区别于人工合成材料的最大特点是其中的生物大分子，它们和矿物相在纳米以上的各级尺度形成混合或复合结构。已发现的生命大分子各种各样，原来人们认为对于每种矿化材料，其中的大分子或多或少具有特异性，但后来人们发现这些大分子具有共同的化学特征，即都富含羧基，它们可能是蛋白质和（或）多糖的一部分。这类大分子除了羧基外，还含有磷酸根或硫酸根，这些带电基团使得大分子能够在溶液中和矿物离子或固相表面相互作用。这类大分子可称为调控大分子。Weiner等人研究了多种含碳酸钙的生物材料中的有机大分子，并把它们分为以下几类。

1）富含天冬氨酸的蛋白质或糖蛋白，它们与结晶矿物相有关。

2）富含谷氨酸和丝氨酸的糖蛋白，它们是已被发现的含有无定形碳酸钙的几种生物材料中有机物的主要成分。

3）富含多糖或蛋白质，其中蛋白质含有约等量的谷氨酸、天冬氨酸和丝氨酸，这些大分子是棘皮动物骨骼中的主要有机成分，但在软体动物壳中含量较少。调控大分子通常只占生物材料有机成分的一小部分，主要是疏水的、在弱酸或中性条件下不可溶的交联部分，它们在各种硬组织中各不相同，且往往具有特异性。调控大分子在未溶解矿物相的条件下很难从矿物中提取或降解，它们被称为框架大分子，即为矿物相的形成提供三维框架并作为调控蛋白质与矿物相作用的基体。常见的框架大分子有软体动物壳中富含甘氨酸和丙氨酸的蛋白质（结构上类似于丝蛋白），骨中的Ⅰ型胶原，甲壳动物中的 α-几丁质和软体动物壳中的 β-几丁质。

3. 骨与牙齿

（1）骨　骨主要有松质骨和密质骨两种。图4-13是长骨结构的示意图，两端称为骨骺，由松质骨构成，中间称为骨干，由密质骨构成。密质骨的结构单位是哈弗斯系统，图示为其横截面，纵截面为矿化胶原纤维的取向排列。松质骨的结构为三维的骨小梁框架。骨是最复杂的生物矿化系统之一，其无机成分主要是羟基磷灰石和碳酸磷灰石等，约占总质量的65%；有机成分主要是Ⅰ型胶原纤维，约占总质量的34%；其余为水。

一般认为骨中矿物相为羟基磷灰石。目前在骨中发现的相主要是羟基磷灰石（HA），但含有 CO_3^{2-}、Cl^-、F^-、Na^+、Mg^{2+} 等杂质离子，其中 CO_3^{2-} 的含量较高，它可取代 OH 或 PO_4^{3-} 的位置而成为 a 型或 b 型碳酸磷灰石（CHA），

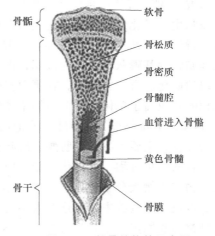

图4-13　长骨结构的示意图

软骨
骨骺
骨松质
骨密质
骨髓腔
血管进入骨骼
黄色骨髓
骨干
骨膜

一般骨中这两种相同时存在。另外，在骨中还发现了非晶磷酸钙（ACP）、磷酸八钙（OCP）、透磷酸钙（DCPD）、磷酸氢钙（DCP）和六方碳酸钙。

磷酸钙盐的主要结晶形式有：

羟基磷灰石（HA）：$Ca_{10}(PO_4)_6(OH)_2$，六方结构。

磷酸八钙（OCP）：$Ca_8H_2(PO_4)_6 \cdot 5H_2O$，$a = 0.9529nm$，$b = 1.8994nm$，$c = 0.6855nm$，$\alpha = 92.33°$，$\beta = 90.13°$，$\gamma = 79.93°$，三斜结构。

二水磷酸氢钙（DCPD）：$CaHPO_4 \cdot 2H_2O$，$a = 0.6363nm$，$b = 1.519nm$，$c = 0.5815nm$，

$\beta = 118.48°$，单斜结构。

磷酸三钙（TCP）：$Ca_3(PO_4)_2$，$a = 1.2887nm$，$b = 2.728nm$，$c = 1.513nm$，$\beta = 126.2°$，单斜结构。

已有的研究表明，骨的主要有机相为胶原纤维。胶原纤维中的原胶原分子是由三股 α 螺旋结构的多肽链相互缠绕而形成的，具有三重螺旋结构。这种原胶原分子沿着一个相互错开 1/4 的阵列规则排列即构成胶原纤维，骨中的矿物相呈片状，尺寸约为 $5nm \times 20nm \times 40nm$，位于原胶原分子间的间隙孔之内，晶体的 c 轴平行于胶原纤维，这样就构成了骨的基本结构，上述基本单元在三维空间的规则排列，就构成了宏观意义上的骨结构。以皮质骨为例，Weiner 等发现，它具有一种由厚薄两层交替而成的层状结构，薄层中胶原纤维与矿物晶体 c 轴垂直于骨的长轴方向，厚度约为 $0.3\mu m$，厚层中胶原纤维相互平行，并且与骨的长轴相交成一定角度，这种结构与哈弗斯系统内的厚、薄骨板相对应。

非胶原蛋白通常约占类骨质的 20%。随着骨的成熟和钙化，比例逐渐下降，最少约为 6%。目前已发现有多种对骨的生长、再生、发育等有重要作用的蛋白质，如骨粘连素、纤维粘连素、骨钙素等。骨粘连素为磷酸糖蛋白，与软骨内成骨过程中软骨钙化区内新骨基质的形成以及膜内成骨过程中新骨核的形成有关；与骨磷灰石有强的亲和力，促使游离钙离子与 I 型胶原结合。但纤维粘连素有抑制骨粘连素的促钙离子结合 I 型胶原的作用。纤维粘连素具有两个由二硫键连接的亚单位，含有能与胶原、肝素和细胞表面结合的位点。在生长过程中的骨中，骨粘连素的含量远较纤维粘连素的为多。2/3 的骨钙素与磷灰石结合紧密，难以分离。骨钙素又称为骨 γ 羧谷氨酸包含蛋白，该蛋白在骨矿化峰期之后才出现积聚。使用维生素 K 拮抗剂，可使此蛋白在骨中的含量减少，但并不影响其脯氨酸的含量，也不影响骨的机械强度。矿化骨组织所含的蛋白多糖量很少，约占骨有机物的 4%~5%，其化学结构及免疫学特性皆与其他组织内的蛋白多糖有明显不同，其分子的 25% 为蛋白质。蛋白多糖类可能抑制骨羟基磷灰石晶体的沉积，因此，在正在钙化的组织中，蛋白多糖的变化有可能加快组织的矿化。有资料表明，在蛋白多糖聚合体抑制骨骺生长板钙化过程中，羟基磷灰石生长沉积的效应高于单体，蛋白多糖单体的抑制效应强于糖胺聚糖链。脂质约占骨有机基质的 7%~14%，主要分布于细胞外基质泡的膜上和细胞膜上，细胞内结构及细胞外的沉积也有脂质的存在，主要为游离脂肪酸、磷脂类和胆固醇等。酸性磷酸酯与磷酸钙结合形成复合体，参与骨的钙化过程。可钙化的脂蛋白在骨骺软骨开始钙化时含量最高。综上所述，骨是由无机矿物与生物大分子规则排列所组成的复合材料。在骨中，例如牛腿骨中，约 75% 的羟基磷灰石位于这些缝中，但这个数字的差别是相当大的。总之有一点是相同的，即并不是一切矿物都与胶原密切结合。另外，并不是一切矿物都是晶体，由 X 射线衍射实验发现某些是非晶态，年轻的脊椎动物的骨中包含了更多的非晶态物质，随着成熟过程晶体变为主导材料，这种形态的变化与力学性能的变化密切相关。

成熟骨的主要部分是由羟基磷灰石晶体紧密地嵌入胶原基体中而构成的，因此可以把骨看作一个在基体中含有晶体的双相复合材料，但其具有复杂性，这是由于骨中有空洞，以便于为骨和骨髓细胞输送必要的营养。以下论点已被普遍接受，即骨可被简化视为一种复合材料，其中填充了粒子，粒子为纳米晶体，大多数人在研究骨的机械设计时所遵从的这个主线基本上属于一种纤维复合类材料。骨中矿物的断裂是以片状为主，类似珍珠层。只有胶原才能够给出纤维织构，而且胶原的硬度只有矿物硬度的 1%。判断鹿角的断裂表面，只有当人们把纤维本身看作是一个由薄片晶体增强的复合材料时，类纤维才能够支撑。在某些矿物质含量高的骨中，有可能存在例外情况，如牙质。

骨的力学性能指标在一个较大的范围内变动，并与加载模式、加载方向及骨的类型有关。随着骨密度的增加，模量和强度均显著增加。皮质骨的力学性能具有明显的各向异性，沿骨干的轴向强度较高。影响骨的力学性能的因素较多，如含水量、密度、孔隙率、矿物含量、胶原纤维的取向、有机和无机组元之间的界面键合、加载速率等。干燥的骨样品具有较高的模量，但韧性、断裂强度及极限应变均降低。

（2）牙齿　在脊椎动物的其他主要生物矿物（如牙齿）中，极少出现高的拉伸力，牙齿应该具有硬的表面，用于咬食和咀嚼，它应该足够耐用（强韧性），以维持动物的生命。人类的牙齿是一种基本的生物矿物，具有牙本质及牙釉质。牙本质与骨在各种成分上都类似，牙釉质含有更多的矿物。牙本质类似骨，它的结构比骨更均匀一致，但晶粒更细，体积约为 2nm×50nm×25nm。牙本质充满了细管，细管由高钙化区包围，位于自由取向的晶体基体上，而晶体镶嵌在黏多糖和胶原中，胶原为片状，其位向平行于牙质的表面。

牙釉质覆盖于牙冠表面，暴露于口腔中，牙釉质是高度的矿化系统，牙的总质量的96%~97%是无机材料，主要是羟基磷灰石，大部分以晶态存在，有机物不足1%。牙釉质以其不寻常的化学组成和高度有序的结构成为脊椎动物中最致密的材料。牙釉质的结构比较复杂，釉质的基本结构是釉柱。釉柱是细长的柱状结构，起始于牙本质界面，呈放射状贯穿釉质全层，到达牙齿表面，全长并不完全是直线，近表面 1/3 较直，内 2/3 弯曲。釉柱的横断面呈匙孔状，分头部和尾部，头部表面是一弧形清晰的周界，称为柱鞘，相邻釉柱头尾相嵌。柱内晶体（羟基磷灰石的 c 轴）长 160~1000nm，截面尺寸分别为 40~90nm 和 20~30nm。在头部晶体长轴平行于釉柱长轴，在尾部呈 65°~70° 倾斜。有机基质主要是釉蛋白和成釉蛋白。在柱鞘处有机物分布较多，主要是不溶性的釉蛋白，可溶性的成釉蛋白主要分布于晶体间隙。

在新出生的哺乳动物的牙釉质中，条状的碳酸磷灰石晶体长度至少为 100nm，但直径仅为 50nm，因此，晶体从牙齿的表面到达牙本质。如此高的一个高宽之比允许晶体有一个沿长度方向的弯曲，小晶体在由小晶体组成的大的组元范围内改变其方向。这些组元是各种各样的棒和片，因动物种类而异。晶体能够分支和熔断，导致形成具有宽基底的金字塔形状。基底与牙本质相连，在哺乳动物中，这些棒和片的排列有可能是复杂的和变化的，可以在一定距离范围内给出复杂的三维的棒的排列形式。低级脊椎动物的牙中晶体的排列往往与哺乳动物不同。

牙釉质中存在两种蛋白质，第一种是酸性的釉蛋白，它们与多糖以共价键结合，且趋于继承 β 片的结构，它控制牙釉质晶体形状；第二种蛋白质是疏水性的。牙本质与牙釉质结合在一起，成为 20MPa、3000 次/天负载的主要承担者。即使如此，完整的牙齿的断裂是非常少见的。其原因部分是由于牙釉质的硬度和刚性，部分是由于牙本质的韧性和柔顺性。对牙本质和牙釉质的力学性能研究表明，平行于细管的高韧性可能与胶原的方向有关，在这个平面上的裂纹必须穿过胶原层。与此类似，牙釉质的高韧性可能既与棱柱体之间的弱界面的存在有关，又与裂纹穿过棱柱的路径有关。裂纹的穿过将被具有高纤维形貌的晶体所阻碍。Fox 认为，附加的韧性来自于流体穿过牙釉质结构的运动，在这个过程中消耗能量。同样，对于棱柱，其韧性相当于普通陶瓷材料的值，整个牙齿的功能可采用有限元分析的方法使用计算机进行处理。

4.2　生物医用材料

生物医用材料是指与医学诊断、治疗、修复或替换机体组织和器官或增进其功能有关的一类功能性材料。生物医用材料研究的最终目的主要是制成人工器官，以修复或代替人体受损的组织器官，实现其生理功能，或制成医疗器械应用于医学临床等。因此，大部分生物医用材料都可以被认为是一种仿生材料。

自人类诞生以来，人们一直在与各种疾病进行不懈的抗争，而生物材料已成为人类在与疾病斗争过程中的有效工具和药物。早在远古时期，人们就开始使用天然材料（主要是草药）治疗某些疾病，并利用天然材料修复人体的创伤。例如，在公元前 3500 年，古埃及人就利用棉花纤维、马鬃等作为缝合线来缝合伤口。墨西哥印第安人使用木片修补受伤的颅骨，而在公元前 2500 年，中国和埃及的墓葬中发现了义齿、假耳和假鼻。我国唐代就有用"银膏"补牙的记录。16 世纪开始，人们开始使用黄金板来修复颚骨，并使用金属固定折断的骨头和种植牙齿。到了 19 世纪中叶，金属板开始广泛应用于临床，用于骨折固定。到了二十世纪三四十年代，金属医用材料的应用已变得普遍，不锈钢、钴基合金和金属钛广泛用于修复和替代硬组织，如骨骼、关节和牙齿。随着科学技术和医学的快速发展，尤其是对新型高分子材料的研究和开发，生物材料的研究和应用获得了更大的发展空间和更多的发展机遇。

如今，生物材料的研发与应用的热点从早期生物惰性材料转向为生物活性材料。生物学与材料学的结合发展出了一个专门的学科分支——组织工程。通过组织工程的研究，人们已经成功地培育出各种活体组织，如在骨骼和关节软骨再生方面取得了重大进展。虽然，目前对于大多数治疗组织缺损的方法来说，仍然只能使用传统的金属、陶瓷、高分子等人造材料制成的植入物来代替受损组织，但是基于组织工程的复合医用材料的大规模使用正在成为不可逆转的趋势。

4.2.1　生物医用材料的性能要求与安全评价

近年来，人们不断研制和开发出许多新型生物材料。这些生物材料的使用直接关系到人的生命安全，因此生物安全性和可靠性成为医学临床应用中必须高度关注的首要问题。为了确保生物材料能够安全有效地应用于医学临床，除了满足其力学性能要求外，对生物材料的有效性和安全性进行生物学评价是必要的。一般来说，对于某种材料是否适合作为生物材料的应用，首先需要对该材料的物理学、化学和生物学等方面进行性能评价。然而，更为重要的是对材料的生物相容性进行安全性评估，筛选出适合应用于生物医学领域的较好材料。因此，生物材料的安全性评价成为判断材料是否适合制作人工器官或用作生物可降解材料的标准，也是一个非常重要的关键环节。

材料与生物组织之间是有相互作用的。因此对材料生物性能的评价必须包括两个方面：材料反应和宿主反应。

材料反应指的是材料在生物体内对外界环境的响应。这种响应主要涉及材料在生物环境中腐蚀、吸收、降解、磨损和失效等情况。腐蚀是指体液对材料的化学浸蚀作用，对金属植入体影响较大；吸收作用可以改变材料的功能特性，如降低弹性模量、增大屈服应力；降解可能导致材料的物理化学性质发生变化，甚至破坏材料的结构，对高分子和陶瓷材料的影响较大。材料失效可以通过多种其他机制发生，如构成修复体部件之间的磨损、应力的作用（如固定修复体的骨水泥破裂）。聚合物中的低分子量成分，如增塑剂的渗出，也可以导致材料力学性能的变化。此外，生物系统对材料也可能产生积极影响，如新骨长入多孔陶瓷材料的孔隙中，增强了其强度和韧性。

宿主反应指的是材料在生物体内引起的机体反应。这包括材料植入部位附近组织的局部反应，以及远离植入部位的组织和器官，甚至是整个生物系统对材料的全身反应。宿主反应可能是由材料的元素、分子或降解产物（如微粒、碎片等）在生物环境中释放到附近组织甚至整个生物系统引起的，也可能源于材料制品对组织的机械、电化学或其他刺激作用。宿主反应可能包括局部反应、全身毒性反应、过敏反应、细胞毒性反应、致突变反应、致畸反应、致癌反应和适应性反应等。根据时间长度，宿主反应可分为近期反应和远期反应。宿主反应可能包括消极反应和积极反应。消极反应可能表现为细胞毒性、溶血、凝血、刺激性、全身毒性、致敏、致癌、诱变性、致畸性和免疫等不良反应，这些反应可能导致对组织的机体毒副作用和对材料的排斥作用。另一方面，宿主反应也可能呈现积极的形式。例如，在人工动脉表面可以发生新血管内膜的生长，韧带假体可以与软组织附着，多孔材料的孔隙可以促进组织的生长，植入物可以帮助硬组织重建。这些结构有利于组织的生长和重建。成功的生物医学材料引起的宿主反应必须保持在可接受的水平。人们可以通过与参照材料引起的反应水平进行标准试验和比较，来衡量宿主反应的程度和水平。参照材料是指通过标准试验方法定为合格并可重复试验结果的材料。

1. 生物医用材料的性能要求

目前，生物材料已经成为国民经济中的一个重要产业，研制开发的生物材料，除必须达到一定的力学性能外，还需满足生物相容性。只有这样，才能确保生物材料制成人工器官植入机体不被免疫系统所排斥，不出现毒性反应，不致畸、不致癌，为机体所接收，并能替代机体某一受损的组织器官发挥其生理作用。生物材料性能的好坏，不仅影响生物材料所替代的某一组织器官的功能，甚至直接关系到机体生命的延续。另外，生物可降解材料也需具有良好的生物相容性，其生物降解产物——小分子物质对机体无害，并可通过机体代谢吸收或排出体外。

（1）生物相容性　生物相容性是指生物材料与生物体的相互适应性，即生物材料与人体接触后，两者间所产生的物理、化学、生物反应及人体对这些反应的耐受程度。

生物相容性包括组织相容性和血液相容性，具体体现在生物体对生物材料产生反应的一种能力。组织相容性是指生物材料与组织之间应有的一种亲和能力，即生物材料与机体组织器官或体液接触后，不会导致细胞、组织功能的下降，不会产生炎症、癌变及排异反应，不被组织液所侵蚀等，而被机体所接受的一类生物材料的性能。血液相容性是指生物材料与血液接触时，不引起凝血及血小板黏着、凝聚，不出现溶血，不破坏血液成分和血液生理环境等。生物材料的血液相容性包含了相当广泛的内容，既包含有生物材料与血液接触后发生的血小板血栓（血小板黏附、聚集、变形）、溶血、白细胞减少等细胞水平的反应，又有凝血系统、纤溶系统激活等血浆蛋白水平反应，还有免疫成分的改变、补体的激活、血小板受体、ADP 和前列腺素的释放等分子水平反应。当生物材料置于体内或与血液接触时，首先表现为生物体与生物材料表面的接触，具体反映生物材料的生物相容性。生物相容性的好坏不仅取决于材料本体的性能，而且与材料表面的性能也有着密切的关系。判断一种材料是否能作为生物材料应用，其关键性指标是生物相容性，因此在生物材料的研究开发过程中，生物相容性自始至终作为贯穿的主题。

大多数生物材料都用于制造人工器官，以应用于医学临床。当人工器官植入机体时，首先与组织细胞、器官和血液接触，这必然会引起物理、化学和生物作用。为确保人工器官能够替代受损组织器官并发挥作用，生物材料必须具备良好的生物相容性，即这些作用必须在机体可接受的范围内进行控制。生物相容性与生物材料的成分和结构有关，因此在生物材料的制备过程中，必须严格控制配方组成、成型加工工艺条件和环境因素等。只有通过精心提纯和合成，才能获得符合"医用级"标准的生物材料。这些标准包括：无毒性反应；不致畸、不致癌；不引起溶血和凝血，不促使血栓形成；不具有免疫原性，不引起变态反应；不损害组织，避免出现严重的炎症反应（如红肿热痛）；不导致组织蛋白质和酶的变性分解；不破坏生物体内的电解质平衡和酶活性。不难看出，这些标准由低到高，而随着科技的发展，现代社会对于医用生物材料的生物相容性的要求也在不断提高。虽然目前医用级生物材料的标准体现的实际上是材料的生物"惰性"，但是医用材料发展的趋势却是具备更高的生物"活性"。在未来医用生物材料的标准一定会更加严格。

对于制成人工器官的生物材料，有特殊的结构和性能要求，具体体现在：物理和力学性能稳定（如强度高、弹性和挠曲性好、抗疲劳性和耐磨性高等）、化学结构稳定（生物材料表面的形态和形状不变，生物材料不发生化学变化和分解）、耐老化性（材料耐老化性主要针对制成人工器官的生物材料而言，具体表现为不被溶解、不产生吸附和沉积反应。对于生物可降解材料制成医用黏结剂、医用缝合线及医用高分子药物释放载体等应用时，则要求此类生物材料具有一定的"老化"性能，即在发挥生物材料功效之后，在机体内某些环境因素的作用下，它们会尽快老化变成小分子物质，随后其被机体消化吸收或排出体外，同时要求分解的小分子物质必须无毒副作用）。

（2）结构与性能要求　对于在体内长期使用的生物材料，为确保生物材料能够在人体内稳定地工作，并具备与自然器官相似的功能和适应性，从而为患者提供更好的治疗和生活质量，对于制成人工器官的生物材料，有以下三个方面的特殊结构和性能要求：

1）物理和力学性能稳定。高强度：人工器官需要能够承受生理环境下的各种受力，因此生物材料需要具备高强度，以确保其结构的完整性和长期的稳定性。弹性和挠曲性良好：由于人工器官需要与周围组织进行协调的运动和变形，生物材料应具备良好的弹性和挠曲性，以确保器官的正常功能和适应性。抗疲劳性和耐磨性高：人工器官需要能够长期承受重复性的运动和应力，因此生物材料应具备抗疲劳性和耐磨性，以延长器官的使用寿命并减少损耗。

2）化学结构稳定。形态和形状不变：生物材料在接触生物体内环境时，应能够保持其表面的形态和形状不变，以确保人工器官的结构和功能不受损害。不发生化学变化和分解：生物材料应具备化学稳定性，即不会与周围环境中的生物分子发生反应或分解，以防止对周围组织和身体产生不良影响。

3）耐老化性。耐久性：人工器官的生物材料需要具备足够的耐久性，能够经受时间的考验，不会因为长期使用而发生明显的退化或衰减，从而保持器官的功能和性能。长期稳定性：生物材料应具备长期稳定性，不受环境变化和生物体内的变化影响，以确保人工器官的长期可靠性和功能的稳定性。

对于可降解材料所制备的植入体、缝合线等医用生物材料，则需要这些材料具备可控的降解性能，并在使用周期的不同阶段展现出不同的力学性能。

（3）加工方便易成型　在选择材料时，需要考虑到人工器官的形状通常是不规则的。因此，选材时需要考虑工艺处理的方法，以确保材料可以方便地进行加工，并且工艺过程要简单。同时，这些工艺处理方法不能对生物材料本身的性能造成不利影响。因此，在选择材料时，需要综合考虑工艺性能和生物材料性能，以找到既满足形状要求又具有良好性能的材料。在制备人工器官的生物材料时，加工方便易成型是一个重要的考虑因素。

1）材料选择与加工兼容性。选择易加工的材料：在选择生物材料时，要考虑其加工性能，选择那些易于加工和成型的材料，如具有良好可塑性和可加工性的聚合物、生物可降解材料或合金等，常常被用于制作人工器官的生物材料。与加工方法相匹配：根据所需的形状和结构，选择适合的加工方法，如注塑成型、剪切、压制、三维打印等，确保所选的加工方法与材料相兼容，能够实现预期的形状和性能要求。

2）工艺处理的优化。简化工艺步骤：设计和优化工艺处理方法，使其尽可能简单和高效，简化工艺步骤可以减少加工的复杂性，提高生产效率，降低成本。操作便捷性：考虑到人工器官形状多不规则的特点，设计工艺处理过程时要注重操作的便捷性，如设计易于操作的模具或模板，以便在加工过程中准确地塑造生物材料，使其符合所需的形状和尺寸要求。

3）不影响材料的性能。温度和压力控制：在加工过程中，要控制好温度和压力，确保生物材料不会受到过度热或压的影响，从而避免材料性能的降低或结构的破坏。避免化学损伤：选择适当的溶剂、表面处理剂和加工介质，避免对生物材料造成化学损伤。这样可以保持生物材料的化学结构和性能稳定，确保人工器官在体内的安全性和可靠性。

4）材料可塑性与形状可调性。高可塑性材料：选择具有良好可塑性的生物材料，能够在加工过程中经历形状调整而不失去材料的完整性和性能，这些材料可以通过加热、挤压或拉伸等加工方法，灵活地调整其形状以适应多样化的人工器官需求。可调性和可定制性：考虑到人工器官的形状多不规则，材料的形状可调性和可定制性非常重要，通过合适的工艺方法和技术，如 3D 打印、精确切割等，能够根据具体器官的尺寸和形态要求，精确地定制和调整生物材料的形状。

5）加工过程监测和控制。在加工过程中进行监测：建立适当的监测系统，对加工过程中的关键参数进行实时监测，如对温度、压力、时间等加工参数的监测，有助于确保加工过程的稳定性和一致性，从而得到符合要求的成品。控制加工条件：通过调整加工条件，如温度、压力和速度等，来控制生物材料的形状和性能，精确的加工控制有助于实现所需的形状和性能要求，并最大限度地保留生物材料本身的性能。

6）合适的模具和工具设计。自定义模具和工具：根据人工器官的形状需求，设计和制作合适的模具和工具，这些模具和工具可以根据特定的器官形态，提供支撑、引导和定位等功能，从而有助于实现精确的成型和加工。可调节性和多功能性：模具和工具的设计应具备可调节性和多功能性，以适应不同形状和尺寸的人工器官，这样可以提高生产的灵活性和效率，满足多样化的需求。

通过加工方便易成型的考虑，可以确保生物材料在制备人工器官过程中具有良好的可塑性、形状可调性和加工性能，从而实现符合要求的器官形状，并保持材料本身的性能和功能。这样可以促进人工器官的定制化制备，提高其适应性和生物相容性，为患者提供更好的医疗效果。

（4）便于消毒灭菌　消毒灭菌是生物材料制成人工器官或医用制品应用于医学临床的必要步骤。常用的消毒灭菌方法包括物理方法和化学方法。物理方法包括热灭菌（如高压蒸汽）、辐射灭菌（如 γ 射线）、过滤除菌和激光灭菌。化学方法主要利用化学试剂（如过氧乙酸、环氧乙烷等）进行灭菌。在选择消毒灭菌方法时，需要考虑具体情况及生物材料的结构和特性，以确保灭菌效果和保持生物材料的性能不受影响。

在研制用于制造特定人工器官的生物材料时，除了满足基本条件外，还需要考虑目标器官的结构和功能特点。不同器官功能的差异导致了在材料选择上存在较大差异。例如，人工肾透析膜需要生物材料对血液中的物质具有选择性、通透性，只允许尿素、肌酸等代谢产物和有害小分子物质通过透析膜，而大分子营养物质如血浆蛋白则不能穿过透析膜，以实现体内有害或小分子物质的排出和维持机体营养物质供应的目的；而人工肺透析膜则需要生物材料对气体（氧气、二氧化碳）具有通透性，以保证机体的气体交换。尽管这两种膜都是透析膜，但它们的替代功能不同，对生物材料的某些要求也不同。因此，在选择生物材料用于制造人工器官时，不仅需要考虑基本条件，还必须考虑不同人工器官功能的特殊性，以满足医学临床的需求。

2. 安全评价与临床验证

安全评价与临床验证是生物医用材料设计和应用过程中至关重要的环节，它们确保了材料的安全性和有效性，为其在医学临床中的应用提供了科学依据。这一过程往往耗费数年时间，需要多学科人员及国家级医药管理部门的合作。安全评价是在生物医用材料研发早期进行的关键步骤之一。通过实验室研究和动物实验，评估材料的生物相容性、毒性和潜在的副作用。这些评估主要包括对材料与生物体的相互作用、细胞毒性、炎症反应、免疫反应等方面的测试。通过这些评估，可以确定材料的安全性，并为后续的临床验证提供基础。临床验证是生物医用材料研发过程中的关键阶段。在通过动物实验验证了材料的安全性和有效性后，需要进行临床试验来验证其在人体中的表现和疗效。这一阶段需要获得国家食品药品监督管理局（SFDA）的批准，并且遵守严格的伦理和法规要求。临床验证旨在评估材料的耐受性、生物相容性、治疗效果和安全性等方面的指标。通过对患者进行长期观察和数据收集，可以确定材料在实际应用中的效果和可靠性。安全评价和临床验证的目的是确保生物医用材料的安全性、有效性和可靠性。它们不仅需要科学的实验设计和准确的数据分析，还需要与医疗专业人员、研究机构和监管机构的密切合作。通过全面的安全评价和临床验证，可以最大限度地减少材料在临床应用中的风险，保障患者的健康和安全。

4.2.2　生物医用材料的种类

生物医用材料的种类繁多，据报道迄今为止已经超过一千多种。然而，在医学临床中真正广泛应用的种类却非常有限。根据不同的生物医用材料分类标准，可以采用不同的分类方法，以体现生物医用材料的特点和意义。

1. 按照材料的医学临床用途分类

根据医学临床用途的不同，生物材料可分为硬组织材料、软组织材料、心血管材料、血液代用材料、分离或透过性膜材料、黏合剂和缝合线材料、药物载体材料。这种分类法比较注重人体各部位的特殊性和特定的要求，针对性较强，研究的内容和目的明确，但往往会出现一种材料多用途，前后重复。

硬组织材料主要包括骨科和齿科的修复和替代材料，如人工骨、人工关节、人工牙根、人工牙齿等。

软组织材料主要用于软组织的修复和替代，如人工皮肤、人工器官、人工食管、接触镜片和各种填充材料等。

心血管材料主要用于心脏和血管的修复和替代材料，即与血液接触的人工器官，如人工心脏、人工瓣膜、人工血管等。

血液代用材料在生物体内可以降解或完全除去，并要求该材料与血液有相同的黏度，无抗原性，如临床应用的右旋糖酐（$C_6H_{10}O_5$）$_n$、羟乙基淀粉。

分离或透过性膜材料是用于血液净化的材料，如人工肾或人工肝的透析膜。

黏合剂和缝合线材料用于组织器官的愈合和修复。按照缝合线的吸收性可分为不可吸收缝合线和可吸收缝合线。不可吸收缝合线可用天然纤维（如棉纤维、丝线等）、合成纤维（如聚酰胺、聚酯、聚丙烯）和金属材料制成；可吸收缝合线可用天然材料（如羊肠线、胶原纤维、甲壳素及壳聚糖）和人工合成材料（如聚乙交酯类和聚乳酸类等）制成。

药物载体材料一般选择生物可降解材料，降解产物对机体无毒性作用，并达到控制药物释放的作用，包括人工合成材料（如聚乙交酯、聚乳酸等）和天然高分子材料（如甲壳素／壳聚糖及其衍生物）。

另外很多临床应用的生物医用材料可以被归类为组织工程材料。组织工程学（Tissue Engineering）是指利用生物活性物质，通过体外培养或构建的方法，再造或者修复器官及组织的技术。这个概念由美国国家科学基金委员会在1987年提出，并在此后的二十多年间快速发展。

生物材料作为组织工程支架应用时，生物材料除了必须具备基本性能（良好的生物相容性和可塑性、一定的机械强度和易消毒）外，为了提供细胞增殖和新陈代谢的环境，并构建新生组织器官，组织工程支架还必须具有：①三维空间结构和高孔隙率，较大的内表面积，有这一结构特点，才有利于细胞黏附生长及营养物质的进入和代谢产物的排除；②生物材料的降解速度可调控，支架的降解速度可根据不同的组织细胞再生速度调整，使得细胞支架的降解速度与细胞的增殖速度相匹配，以确保细胞的生长繁殖，降解所形成的小分子物质又不会对细胞增殖产生不利的影响；③良好的细胞亲和性，细胞亲和性是指生物材料能让细胞在其表面黏附和生长的能力，它反映了细胞和生物材料的界面问题，生物材料的细胞亲和性好，才能保证细胞黏附、生长和增殖，并诱导组织细胞的再生，同时它能激活细胞特异基因的表达，维持正常的细胞表型。

2. 按照生物医用材料的组成和结构分类

根据生物医用材料的组成和结构的不同，可以将其分为以下几类：

1) 医用高分子材料，包括天然高分子材料（如胶原蛋白、壳聚糖等）和人工合成高分子材料（如高密度聚乙烯、聚乳酸等）。

2）医用金属材料，包括钛合金、镁合金、不锈钢等。

3）医用陶瓷材料，如氧化锆、氧化铝等。

4）医用复合材料，由不同类型的材料组合而成，具有综合性能。

5）医用生物衍生材料，从生物体中提取或制备的材料，如骨骼支架材料、胶原蛋白基质等。

首先，这种分类方法体现了材料学中"结构决定性能"的思想，其次，材料科学中金属、陶瓷、高分子几种基础材料的专业壁垒非常高，大多数材料工作者的研究领域只在其中特定的范围中，因此这种体现材料结构的分类方式非常适合材料工作者。

4.2.3 医用高分子材料

高分子是三大类材料中产量最高的一种。从弹性体到工程塑料，高分子材料的力学性能可以满足从仿生皮肤到人工骨骼等不同应用场景和组织环境的要求。因此医用高分子材料也就成了应用最为广泛的一类生物材料。高分子材料可以通过人工合成或从天然产物中获取。天然高分子材料可以归类于生物衍生材料，因此这里介绍的医用高分子材料主要指合成高分子材料。这类材料可以根据其性质分为非降解型和可生物降解型两类。

1. 非降解型高分子材料

非降解型高分子材料是指在生物环境中能长期保持稳定的材料。它们包括聚乙烯、聚丙烯、聚丙烯酸酯、芳香酸酯、聚硅氧烷、聚甲醛等。这些材料要求具有良好的物理、力学性能，能够在使用过程中保持稳定，并且不对机体产生明显的毒副作用。非降解型高分子材料主要用于人体软组织修复、硬组织修复、人工器官、人造血管、接触镜、黏合剂和管腔制品等的制造。

2. 可生物降解型高分子材料

可生物降解型高分子材料在生物环境中能发生结构破坏和性能退变，并能通过正常的新陈代谢或被机体吸收利用或排出体外。常见的可生物降解型高分子材料包括胶原、线性脂肪族聚酯、甲壳素、纤维素、聚氨基酸和聚乙烯醇等。这些材料主要用于药物缓释和传送载体及非永久性植入装置的制造。

在选用医用高分子材料时，需要注意以下三点：

（1）应变速率对力学性能的影响　所有高分子材料都是黏弹性材料，其力学性能测试值与所用应变速率相关。在进行材料性能测试时，应考虑到应变速率对结果的影响，以准确评估材料的力学性能。

（2）分子量、制备条件和热处理对性能的影响　高分子材料的性能与其平均分子量、分子量分布性质、固化条件和时间（对热固性高分子材料）、制备温度和热处理条件（对热塑性高分子材料）密切相关。在材料的选择和制备过程中，需要综合考虑这些因素，以获得所需的性能。

（3）消毒对性能的影响　医用高分子材料常常需要进行消毒处理，如放射性辐照或环氧乙烷处理。这些消毒方式可能会对材料的性能产生影响，如导致材料的变性、降解或破坏。在选择材料和进行消毒处理时，需要考虑到这些影响，以确保材料在消毒后仍能保持所需的性能。

近年来，可降解的人工合成聚酯类高分子材料在医用可降解材料中得到广泛应用。特别是在药物缓释和组织工程框架材料方面，这些材料展示出了巨大的潜力。影响可降解材料降解速率的因素包括无菌方式、生物学环境的 pH 值和液体浓度、受力负荷等外部因素，以及分子量、材料形状、单体残留量、残余应力、杂质含量等内部因素。综合考虑这些因素，可以控制和调节可降解材料的降解速率，以满足特定的应用需求。

4.2.4 医用陶瓷材料

医用陶瓷材料包括氧化铝、羟基磷灰石、生物玻璃、磷酸钙陶瓷和生物碳等。这些材料主要用于骨骼、牙齿和承重关节等硬组织的修复和替换，以及药物释放载体的制备。医用陶瓷材料具有耐高温、耐腐蚀和良好的抗氧化性等优势，机械强度也很高。然而，由于其本身脆性大、韧性低，临床应用中存在一定的限制。因此，如何提高医用陶瓷材料的韧性，以增强其可靠性一直是该领域的研究热点。

生物陶瓷作为常见的生物医用材料，具有良好的生理相容性。它通常含有生理环境中存在的离子，如钙、磷、钾、镁、钠等，或对人体组织几乎没有毒性的离子，如铝、钛等。根据在生理环境中的化学活性，生物陶瓷可分为近于惰性、表面活性和可吸收三种类型。此外，生物陶瓷还可以与其他材料组合形成复合材料，被归类为第四类生物陶瓷。近于惰性的生物陶瓷，如氧化铝（Al_2O_3）和氧化锆（ZrO_2）等，在长期暴露于生理环境中时几乎不发生化学反应，能够保持长期的稳定性。这种特性使得它们在人体内可以用于制作人工关节、骨固定装置等，以增强骨骼的稳定性和功能恢复。具有表面活性的生物陶瓷，如羟基磷灰石生物活性陶瓷和生物活性玻璃陶瓷，能够与组织在生理环境中发生生物化学反应，并形成化学键结合。这种特性使得它们在骨组织修复和牙科领域中得到广泛应用。例如，羟基磷灰石可用于制作骨填充材料、植入物和骨修复材料，促进骨细胞生长和骨再生。可吸收生物陶瓷，如磷酸钙陶瓷和石膏等，能够在生理环境中逐渐降解和吸收。它们在骨修复和牙科领域发挥着重要的作用。磷酸钙陶瓷可用于骨缺损修复和骨替代材料，随着时间的推移逐渐降解，并与周围组织融合。石膏则常用于骨折固定和矫正装置，在骨愈合完成后可以被人体吸收。除了以上三类生物陶瓷外，生物陶瓷与其他材料的复合材料也具有广泛的应用。例如，生物陶瓷与金属复合材料可用于制作人工关节和植入物，结合了陶瓷的生物相容性和金属的机械强度。这些复合材料在骨和牙齿修复中起到重要的作用。生物陶瓷材料的发展还包括药物释放载体。生物陶瓷药物释放载体是一种新型的药物缓释系统，利用陶瓷材料自身的物理、化学或生物学性质，在特定的靶位上释放药物、射线或热量，以达到最佳的治疗效果。例如，含有 40% Fe_2O_3 的玻璃陶瓷颗粒经过饱和磁化处理后，可以植入骨肿瘤部位，在特定电磁场的作用下，陶瓷颗粒可以升温并杀灭骨肿瘤细胞，而不会对正常细胞造成损害。另外，多孔的磷酸钙陶瓷可用于储存激素和其他药物，这些药物可以通过陶瓷微孔缓慢释放，从而实现长期的治疗效果并减少副作用的发生。

4.2.5 医用金属材料

医用金属材料是一类广泛应用于临床的生物材料，它们被称为生物惰性材料，主要包括不锈钢、钴基合金、钛基合金、形状记忆合金，以及钽、铌、锆等材料。这些金属材料在医疗领域扮演着重要角色，可用于修复和替代硬组织和软组织，制造心血管和人工器官，以及医疗器械。医用金属材料具有高机械强度和抗疲劳性能，使其成为临床应用最广泛的承力植入材料之一。除了良好的力学性能和相关的物理性质外，医用金属材料还必须具备优异的抗生理腐蚀性能和组织相容性。在临床应用中，已经广泛使用的医用金属材料主要包括不锈钢、钴基合金和钛基合金这三类。此外，形状记忆合金、贵金属，以及纯金属钽、铌、锆等材料也发挥着重要作用。医用金属材料在骨科领域被广泛用于制造各种人工关节、人工骨，以及各类内外固定装置。在牙科领域，它们主要用于制造义齿、充填体、种植体、矫形丝，以及各种辅助治疗器件。此外，金属材料还被应用于制作心瓣膜、肾瓣膜、血管扩张器、人工气管、人工皮肤、心脏起搏器、生殖避孕器材，以及各种外科辅助器件等。同时，它们也是制造人工器官或其他辅助装置不可或缺的重要材料。然而，医用金属材料在应用过程中也面临着一些挑战。其中，主要问题之一是医用金属材料受到生理环境的腐蚀影响，导致金属离子扩散到周围组织，可能引发毒副作用。另外，植入材料自身性质的退变也可能导致植入失效。为了改善这些问题，近代表面改性技术已经广泛应用于医用金属材料的处理，以提高其表面生物性能和生物相容性。这些改性技术可以改善材料的抗腐蚀性能，并减少对机体的不良反应。

4.2.6　医用复合材料

医用复合材料是由两种或两种以上不同材料组合而成的材料。与单一材料相比，医用复合材料具有更高的性能，并且可以进行调节。通过选择合适的复合组分或结构，并改变组分之间的配比，可以改善材料的性能，如降解性能、力学性能等，并获得适应实际应用的新材料。医用复合材料通常由基体材料和增强材料或功能材料组成。常见的基体材料包括医用高分子材料、生物陶瓷材料（如碳素材料、生物玻璃和生物玻璃陶瓷），以及医用金属材料（如不锈钢和钴基合金）。增强材料可以是碳纤维、生物玻璃陶瓷、生物陶瓷、不锈钢或钴基合金等纤维，或者是氧化锆、磷酸钙基生物陶瓷等颗粒。这些基体材料和增强材料相互配合或组合，形成了大量性质各异的复合生物材料。

医用复合材料广泛应用于制造人工器官、修复或替换人体组织器官，并增进或替代其功能。除了具备预期的物理化学性质外，生物医用复合材料还必须满足生物相容性的要求。这不仅要求组分材料本身满足生物相容性要求，还要求复合材料在组合后不会损害其生物学性能。医用高分子材料、医用金属和合金，以及生物陶瓷在生物医学领域中扮演着重要角色。它们可以作为生物医用复合材料的基材，并且可以用作增强体或填料，从而形成具有不同性能的生物医学复合材料。此外，通过引入生物医学材料到活体组织、细胞和诱导组织再生的生长因子之外，利用生物技术可以显著提升其生物学性能，并赋予其药物治疗功能。这已成为生物医用材料领域中的一个重要发展方向。因此，医用复合材料被视为一类新型的生物医用材料，它们为获得真正仿生的生物材料开辟了广阔的途径。在人体和动物体内，绝大多数组织都可以看作是复合材料，生物医用复合材料的发展为开发具有仿生特性的生物材料提供了广阔的前景。

4.2.7　医用生物衍生材料

医用生物衍生材料是一种特殊的生物医用材料，由经过特殊处理的天然生物组织形成，也被称为生物再生材料。这些生物组织可以来自同种或异种动物体的组织，如牛骨或猪骨、牛生物瓣膜或猪生物瓣膜等。生物衍生材料具有类似于天然组织的结构和功能，可用作修复和替代材料。例如，它们可用于制造人工心瓣膜、血管修复体、人工皮肤、骨修复体、血液透析膜、巩膜修复体等。

生物衍生材料经过特殊处理，包括对组织进行固定、灭菌和消除抗原性的较轻微处理，以及对组织进行强烈处理以拆散原有构型并重建新的物理形态。前者包括使用戊二醛处理固定的猪瓣膜、牛心包、牛颈动脉、人脐动脉，以及冻干的骨片、猪皮、牛皮、羊膜、胚胎皮等。后者包括使用再生的胶原、弹性蛋白、透明质酸、硫酸软骨素和壳聚糖等构成的粉体、纤维、膜、海绵体等。由于经过处理的生物组织失去了生命力，因此医用生物衍生材料是无生命活力的材料。然而，由于其具有类似于细胞外基质等自然组织的构型和功能，或者其组成类似于自然组织，因此在维持人体的修复和替代过程中起着重要作用。医用生物衍生材料主要用于制造人工心瓣膜、血管修复体、皮肤掩膜、纤维蛋白制品、骨修复体、巩膜修复体、鼻种植体、血液系统、血浆增强剂和血液透析膜等。它们可以提供类似于自然组织的结构和功能，或者具有类似成分的材料。这些特点使得它们在维持人体动态过程中的修复和替代中发挥重要作用。动物源的医用生物衍生材料中的异体蛋白经常会引发免疫原性反应，即所谓的排异反应。例如，用于烧伤治疗的猪、牛源的人工皮肤往往会引起较强的排异反应，而以人源尸皮为原料的人工皮肤或者皮肤抑制引起的排异反应就小得多。但是人源医用生物衍生材料由于伦理问题和来源有限，难以满足临床需求。

思　考　题

一、选择题

1. 下列关于生物材料的自主装和生物矿化的表述正确的是（　　）。

A. 自主装和矿化生长都是不消耗能量的自发过程，因此生物的生长不消耗能量

B. 自组装的驱动力不包括化学成键

C. 自主装和矿化生长都受到生物调节

D. 自组装和生物矿化属于自上而下的过程

2. 以下蛋白质中通过脯氨酸残基拧成螺旋结构的是（　　）。

A. 角蛋白　　　　　B. Ⅰ型胶原蛋白　　　　　C. Silk Ⅱ型丝心蛋白　　　　　D. 以上皆是

3. 关于生物多糖表述错误的是（　　）。

A. 淀粉和纤维素的单体都是葡萄糖

B. 糖胺聚糖是酸性的阴离子多糖链

C. 几丁质、纤维束都难溶于水，因此不能被人类消化系统消化

D. 蛋白质与多糖的结合增强了两者化学结构和物理结构的稳定性

4. 在矿物质中不属于常见生物矿物的是（　　）。

A. 方解石　　　　　B. 二氧化硅　　　　　C. 羟基磷灰石　　　　　D. 钙钛矿

5. 以下关于人类牙齿的表述错误的是（　　）。

A. 牙组织不可再生

B. 牙釉质中含有羟基磷灰石和蛋白

C. 牙釉质中的釉柱排列具有取向性

D. 氟可以取代牙齿中羟基磷灰石中的羟基，从而增强釉质晶体的防龋能力

6. 以下关于生物医学材料安全评价的表述哪一项是错误的（　　　　）。

A. 宿主反应可能是消极的反应，也可能是积极的反应

B. 材料反应指的是生物医用材料引发的，在生物活体中发生的化学反应

C. 组织相容性是指生物材料与组织之间应有的一种亲和能力

D. 血液相容性问题包括：引起凝血及血小板黏着、凝聚，溶血，破坏血液成分和血液生理环境等

二、填空题

1. Ⅰ型胶原蛋白具有（Gly-X-Y）重复序列的三聚体结构，其中 Gly 是＿＿＿＿＿＿＿＿＿，X，Y 通常是＿＿＿＿＿和＿＿＿＿＿，其中＿＿＿＿＿更容易形成氢键。

2. 天然纤维多糖储备最多的是＿＿＿＿＿和＿＿＿＿＿。

3. 壳聚糖易溶于 pH 呈酸性的溶液，因为这种多糖的侧链上富含有＿＿＿＿＿基团。

4. 生物相容性包括＿＿＿＿＿和＿＿＿＿＿。

三、简答题

1. 鱼类鳞片和节肢动物外壳中纤维束在介观尺度所形成的类似的结构叫什么？其主要化学成分是什么？

2. 为什么家蚕绢丝腺中的丝液在吐出后会变成固态的蚕丝？

3. 为什么纤维素和淀粉的结构单元类似，但是力学性能差别巨大？

第 5 章
材料仿生设计方法

生物技术、信息技术与新材料的发展构成了现代科学技术的三大支柱，其中新材料的发展是当代高新技术的基础，也是现代工业的基石。因此，对材料研究、开发及性能的要求日益提高。然而长期以来，材料研究主要采用"炒菜筛选法"或"试错法"，这种方法通常都要靠大量实验，既浪费人力、物力，又延长了设计周期。伴随着科技的进步，一些新型试验设备与手段的涌现，以及固体理论、分子动力学与计算机模拟的发展，为材料设计提供了理论依据和强有力的技术支持。

5.1 材料仿生设计基本理论

5.1.1 材料设计

材料设计这一构想开始于 20 世纪 50 年代，苏联的科学家们开展了初步研究，在理论层面上提出了人工半导体超晶格这一概念。至 1985 年，日本学者山岛良绩才正式提出"材料设计学"这一专门的研究方向，并将材料设计定义为利用现有的材料、科学知识和实践经验，通过分析和综合，创造出满足特殊要求的新材料的一种活动过程，其目的是改进已有的材料和创造新材料。目前，材料设计已经基本形成了一套特殊的方法，即按照性能要求设定设计目标并有效利用已有资源，对材料成分、结构、组织、合成及工艺过程等方面进行合理设计。在日本材料学家柳田博明看来，材料设计应包括两层意思：

1）从指定的目标出发规定材料性能，并提出合成手段。

2）为新材料开发和新效应、新功能研究提供指导原理。

5.1.2 材料设计的研究范畴及方法分类

按研究对象的空间尺度，材料设计的研究范畴可分为电子层次、原子分子层次、微观结构组织层次和宏观层次。目前材料的设计层次分为：

1）微观设计层次设计，空间尺寸约为 1nm 量级，对应原子电子层次的设计。

2）连续模型层次设计，空间尺寸约为 1μm 量级，将材料看成连续介质，不考虑其中单个原子电子的行为。

3）材料性能层次设计，尺度对应于宏观材料及大块材料，涉及材料的加工和使用性能设计研究。

电子、原子与分子层次对应的空间尺度大致为 10nm 以下，所对应的学科层次是量子化学、固体物理学等，该层次上常用的研究工具包括第一原理法、分子动力学法与蒙特卡罗法。连续模型对应的空间尺度大致为微米级到毫米级，属于材料科学的研究范围，此时材料常被认为是连续介质，不用考虑材料中个别原子和分子，该层次研究的主要方法为有限元法。对于材料性能层次设计，涉及块体材料在成形与使用中的行为表现，属于材料工程甚至系统工程领域，采用的方法有工程模拟、人工神经网络等技术。下面将逐一介绍常用材料设计的方法。

第一原理法：材料是由许多紧密排列的原子构成的，是一个复杂的多粒子体系。第一原理法就是把多粒子构成的体系理解为由电子和原子核组成的多粒子系统，并根据量子力学的基本原理最大限度地对问题实现"非经验性"处理。第一原理的出发点是求解多粒子系统的量子力学薛定谔方程，在实际求解该方程时采用两个简化：一是绝热近似，即考虑电子运动时原子核是处于它们的瞬时位置上，而考虑原子核的运动时不考虑电子密度分布的变化，将电子的量子行为与离子的经典行为视为相对独立；二是利用哈特利-福克自洽场近似将多电子的薛定谔方程简化为单电子的有效势方程。

分子动力学法：分子动力学法属于统计物理学中的一种计算方法，该方法是按该体系内部的内禀动力学规律来计算并确定位形的转变。它首先需要建立一组分子的运动方程，并通过直接对系统中的一个个分子运动方程进行数值求解，得到每个时刻各个分子的坐标与动量，即在相空间的运动轨迹，再利用统计计算方法得到多体系统的静态和动态特性，从而得到系统的宏观性质。在这样的处理过程中可以看出，分子动力学法中不存在任何随机因素。在分子动力学法处理过程中，方程组的建立是通过对物理体系的微观数学描述给出的。在这个微观的物理体系中，每个分子都各自服从经典的牛顿力学。每个分子运动的内禀动力学是用理论力学上的哈密顿量或者拉格朗日量来描述的，也可以直接用牛顿运动方程来描述。确定性方法是实现 Boltzmann 的统计力学途径。这种方法可以处理与时间有关的过程，因而可以处理非平衡态问题。但是使用该方法的程序较复杂，计算量大，占内存也多。

蒙特卡罗法（Monte Carlo Method）：是以概率与统计的理论、方法为基础的一种计算方法，蒙特卡罗法将所需求解的问题与某个概率模型联系在一起，在电子计算机上进行随机模拟，以获得问题的近似解。因此，蒙特卡罗法又称随机模拟法或统计试验法。

有限元法：是一种常规的数值解法，它是将连续介质采用物理上的离散与偏分多项式插值来形成一个统一的数值化方程。该方法实质上是完成两个转变：从连续到离散和从解析到数值，因此可解决大多数力学问题、凝固模拟和晶体的塑性模拟等。有限元法由于是连续体的近似，它不能严格地包含单个晶格缺陷的真正动力学特性，而且在该尺度上大多数的微观结构演化现象是高度非线性的。因此，通常采用带有固态变量的状态量方法，该方法对于完成宏观和介观尺度上的模拟是非常有效的。

人工神经网络：材料设计涉及材料的组分、工艺、性能之间的关系，但这些内在的规律往往不甚清楚，难以建立起精确的数学模型。人工神经网络具有很强的自学习能力，能够从已有的试验数据中获取有关材料的组分、工艺和性能之间的规律，因此特别适用于材料设计，为材料研究提供了一条有效的新途径。它不需要预先知道输入（材料的成分、工艺）和输出（性能要求）间存在的某种内在联系，便可以进行训练学习，并达到预测的目的，这是材料设计中其他方法难以比拟的。

5.1.3　材料设计的主要途径

现代材料科学中材料设计这一分支，其设计方法大多是从经验规律中归纳或者是从第一原理中计算而来的，更多的是将二者结合互补。材料设计途径主要有以下几类。

1. 材料知识库和数据库技术

材料知识库与数据库是一种数值数据库，主要用于存取材料知识与性能数据。目前材料数据库正向智能化、网络化发展。智能化是使材料数据库发展成为专家系统；网络化是将分散的、彼此独立的数据相连接而成为一个完整的系统。

2. 材料设计专家系统

材料设计专家系统是一种具有相当数量的与材料有关的各种背景知识，并能运用这些知识解决材料设计中有关问题的计算机程序系统。

材料设计专家系统包括：以知识检索、简单计算和推理为基础的专家系统；以模式识别和人工神经网络为基础的专家系统；以计算机模拟和运算为基础的材料设计专家系统。

材料设计的核心问题之一是材料的结构和性能的关系。在对材料的物理、化学性能已经了解的前提下，对材料结构与性能的关系进行计算机模拟，或用相关的理论进行计算，以预测材料性能和制备方案。

3. 材料设计中的计算机模拟

利用计算机进行材料系统的模拟实验，提供模拟结果，为新材料的研究提供指导，是材料设计中的一种有效方法。计算机模拟对象涵盖了从材料的研制、制备、性能到使用的全过程。将涉及复杂材料某一过程、某一层次上的物理现象的基本性质精确地转换为数学模型，该模型可用计算机求解，并可描述或预测某些可观测的材料性能。

5.1.4　材料仿生设计

仿生学（Bionics）是运用从生物界发现的机理与规律来解决人类需求的一门综合性的交叉学科。它利用自然生物系统的构造和生命活动过程作为技术创新设计的基础，有意识地进行模仿和复制，开启了人类社会由自然界索取转入向生物界学习的新纪元。简言之，仿生学就是研究生物系统的结构、性状、功能、能量转换、信息控制等各种优异的特性，并将其应用于工程技术系统中，以改进现有技术工程设备，为工程技术提供新的设计思想、工作原理和系统构成的技术科学。仿生学的价值在于它将自然界的智慧与科技的创新结合起来，通过模拟生物体的结构与功能，将生物的优势功能移植到相应工程技术领域中，为人类提供最可靠、最灵活、最高效、最经济的接近于生物系统的技术系统，为科学技术创新提供新思路、新理论和新方法。

作为仿生学最为重要的环节，仿生设计是指提取仿生模本信息，通过构思、分析、规划、决策和创造等手段，将其与工程研究对象相结合，以制造出一个满足工程需求的人工系统，即把从自然界获得的仿生模本信息变成有望能解决工程技术问题与人文社会问题的具体方案的实践活动。而作为仿生设计的一个重要分支，材料仿生设计是研究生物材料的结构特点、构效关系，进而利用现有的材料、结构、系统进行仿生模拟，研制具有预期性能的新材料，属于化学、材料学、生物学、工程力学等学科的交叉领域。通常人们把仿照生命系统的运行模式和生物材料的结构规律而设计制造的人工材料称为仿生材料。材料仿生设计方法有：

1）利用生物加工技术制备材料。
2）直接模仿生物体进行材料制备与开发，如疏水防雾材料。
3）在生物结构的力学分析指导下，对现有结构设计的优化，如仿鲨鱼皮的泳衣。
4）在模仿过程中受到启发，以所得到的结构、化学等新概念，进行新型合成材料的设计。
5）模仿生物体所进行的某些系统的开发，如超灵敏度机械量传感器等。

对于材料仿生设计来说，同样遵循仿生设计中的基本准则，主要包括以下几项准则：

目标功能有效实现准则：实现特定的功能是仿生设计的最终目标，仿生设计过程中的一切技术手段和方法，实际上都是针对设计出的仿生系统的功能而进行的。因此，设计出的仿生系统必须有效实现仿生模本所具有的功能特性，达到预期的功能目标，即要将模本功能有效实现放在设计的核心地位，为有效实现特定的模本功能而设计。

权重准则：不同的仿生因素对目标功能有效实现的贡献不同，有重轻之序。在仿生设计时，应根据权重次序，拟优先考虑重要因素的设计方案，着重模拟对仿生功能有效实现贡献最大、起主要作用的因素，在此基础上再进行其他因素的构建。

最优化准则：在仿生设计过程中，对所提取的仿生因素要进行逐一的、全面的筛选与优化，在仿生设计最后阶段，应对整个仿生设计进行统筹处理，实现仿生信息与仿生技术的有机融合，实现全域最优化。

成千上万的生物种类及组织材料决定了材料仿生设计的内容是极其丰富的。它们优异的结构和功能为各行业领域的技术难题提供了解决方案。根据材料设计的需求，将材料仿生设计的内容分为材料增强仿生结构设计、材料功能仿生结构设计、材料表面仿生结构设计。

5.2　材料增强仿生结构设计

材料增强仿生结构设计，是以增强材料的一种或多种性能为目的，选择具有相关优异性能的生物作为仿生对象，利用现有的不同材料制成仿生结构的复合材料或者对现有材料进行改进，实现材料性能的增强。

自然界生物经过亿万年优胜劣汰的进化，获得了许多优异的结构模式。生物体进化的趋向为以最少的材料来承担最大的外力，而且通常利用能大量获取的原料不断优化其微观结构，来提升其材料的力学性能。这些结构及材料匹配模式被视为是自然选择进化并长期运行的最优解，如刚柔异质材料耦合、多尺度增效、多孔结构等。生物材料的这些特殊的结构特征，为高性能仿生材料的设计与制造提供了灵感。

5.2.1　刚柔异质材料耦合

自然界中生物组织多是刚柔异质材料耦合，如贝壳、植物叶片、昆虫翅膀等，它们通过刚柔异质材料耦合策略，展现出超强的生物功能。例如，黄蜻翅膀由软质的翅膜和硬质的翅脉两部分组成，翅膜通过包裹方式与翅脉连接，形成刚柔结合的有机整体，如图5-1所示。翅脉纵横分布，围成封闭的翅室，翅室中布满翅膜以阻碍气流的通过。其中翅脉起到支撑和强化作用，阻碍裂纹扩展，增强翅膀的疲劳强度。翅膜极薄且柔韧，可承受作用于翼上的弯曲和扭转变形。翅脉和翅膜整体形成刚柔适宜、轻质高强、形态优化的网格状刚柔耦合结构。

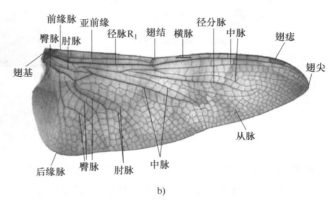

a)　　　　　　　　　　　　　　　　　　b)

图5-1　黄蜻及其后翅整体形貌

a）黄蜻　b）黄蜻后翅整体形貌

植物叶片长期暴露在自然环境中，经常遭受狂风暴雨等外界载荷的侵袭，仍能保持自身结构和功能的完整性，这与植物叶片的生物耦合功能密切相关。植物叶片由硬质的维管束"叶脉"和软质的"叶肉"组成，如图5-2所示，两者采用一定的刚柔方式连接，有效地减小了叶片的应力集中和裂纹的萌生。叶片的止裂原理与昆虫翅膀和贝壳相似，裂纹在叶脉与叶肉的交界面会发生阻滞或偏转，能够有效抵御自然环境作用下的疲劳开裂。

除此之外，生物材料，特别是生物矿化材料，常以复合的形式存在，并且增强相与基质相在力学特性方面呈现刚柔耦合的策略，并在三维空间内呈现一定的结构特征。例如，贝壳的"砖-泥"结构、螳螂虾前螯的"布利冈"结构、哺乳动物牙釉质的平行结构等。

贝壳是软体动物综合自身有机物和周围环境无机物而生成的天然陶瓷复合材料，其种类繁多、形态各异，但化学成分相似，均由95%的无机碳酸钙材料和少量

a)　　　　　　　　　　　　b)

图5-2　杨树叶及其"硬质"叶脉分布

a）杨树叶　b）叶脉特征

109

的有机蛋白质组成。但相比单相碳酸钙陶瓷来说，贝壳不仅具备较高的强度，而且韧性远高出单相碳酸钙陶瓷 2~3 个数量级。经分析，贝壳由外向内依次为角质层、棱柱层和珍珠层。而且在珍珠层内的文石晶体以一种平行层状交错堆叠的形式组装在一起，即典型的"砖-泥"结构，如图 5-3 所示。当受一定的外力冲击时，表层晶片出现的裂纹不会扩展到其他晶片层中，在延伸到层间结合的有机质处就会发生偏转，从而展现出良好的断裂韧性和抗冲击性。

a) b)

图 5-3 珍珠贝及珍珠层的"砖-泥"结构

a）珍珠贝 b）珍珠层"砖-泥"结构

螳螂虾在攻击目标时，其前螯瞬时速度可达 23m/s，冲击力高达 700N。其前螯在抵抗数千次重复动态撞击后，仍能保持材料的完整性，而不会产生灾难性的失效。要做到这一点，材料必须坚而韧，能够提供足够的强度和韧性，在破坏猎物的矿化外壳的同时，抵御等量的反向撞击力。研究人员在其前肢的中表层位置发现，软质几丁质纤维在硬质矿物基质中自下而上呈现"刚柔"耦合螺旋排列的结构设计，如图 5-4 所示。类似结构也存在于龙虾和螃蟹的前肢结构中。这种自下而上的螺旋排列结构为生物复合材料提供了优良的能量吸收能力及改善的材料断裂韧性。

巨骨舌鱼（Arapaima Gigas）为抵抗捕食者（如食人鱼等）的攻击，进化出了类似的层级螺旋结构，如图 5-5 所示。整体鱼身表面鳞片的相互覆盖，提供灵活性的同时，在遭受攻击时邻近鳞片相互作用产生一定弯曲，利于能量耗散。就单个鳞片而言，在厚度方向上，由上到下分为矿化层（厚度约为 0.5mm）和胶原层（厚度约为 1mm），高度矿化的外层最大限度地减少局部可塑性，提供了硬度。胶原层为层状结构，其

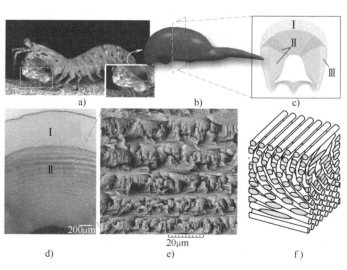

a) b) c)

d) e) f)

图 5-4 螳螂虾前肢自下而上的螺旋结构

独特之处在于层内矿化胶原纤维平行排列，羟基磷灰石矿物纳米晶体嵌入其中，相邻层的纤维产生错位旋转，形成自下而上的螺旋排列结构，提供一定的强度的同时也提供了一定韧性，促使捕食者牙齿在穿透鳞片后发生断裂。

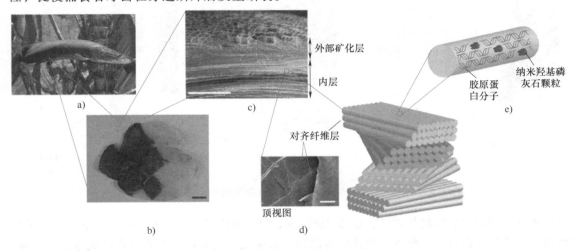

图 5-5　巨骨舌鱼鳞片自下而上螺旋排列结构

a）巨骨舌鱼　b）重叠的鳞片　c）鳞片横截面　d）自下而上螺旋排列　e）矿化胶原纤维

可见，自然界中生物组织，如贝壳珍珠层的"砖-泥"、昆虫翅膀翅膜-翅脉、植物叶片叶脉-叶肉，具有典型的刚柔耦合设计策略，这种设计策略是生物体实现止裂、抗疲劳功能的普遍模式，在不同环境下展现出高度自适应性，可作为预防裂纹扩展问题仿生研究的理想生物模型。

5.2.2　多尺度增效

天然生物材料经过数亿年的进化，形成了环境与功能需求相适应的精细结构，表现出传统人工材料无法比拟的优异性能。近年来，人们发现许多生物材料具有纳米到宏观的多尺度层级结构特征，从而获得高损伤容限和能量吸收的特点，这为人类开发新型仿生材料带来无限的启发和灵感。例如，骨骼作为生物结构材料，不仅需要高的强度以承受自重和外力，同时需具备较好的韧性防止骨折的发生。研究发现，骨组织材料是一种具有层级有序结构的生物复合材料，如图 5-6 所示。首先，I 型胶原分子（长约为 300nm，直径约为 1.5nm）和羟基磷灰石纳米晶体（板状，长×宽约为 50nm×25nm，厚度为 1.5~4nm）通过有机相连接形成原纤维阵列，羟基磷灰石纳米晶体平行于胶原原纤维，并沿着原纤维周期性交错排列；然后，原纤维阵列通过不同方式（平行、螺旋等）编制在一起形成纤维束，层状的螺旋排列纤维束与血管通道组成骨单元，由外至内纤维束交错排列；最后，由无数个骨单元组合形成密质骨/松质骨。材料本身的机械特性（胶原蛋白提供弹性，羟基磷灰石提供刚性）以及多尺度层级结构设计共同赋予了骨组织材料高的强度与韧性。

又如，树木与竹子是植物中典型高强高韧生物复合材料，两者均是集成高比强度、比刚度与韧性等优异性能于一体的天然复合材料。从宏观上看，木材与竹材是高度各向异性的多孔材料，主要由平行的空心管、木材细胞组成，且因生长过程中季节气候的明显更迭产生名为"年轮"的轮状结构，年轮结构中靠近髓心的内侧为早材，面向树皮的为晚材；而从微观视角

111

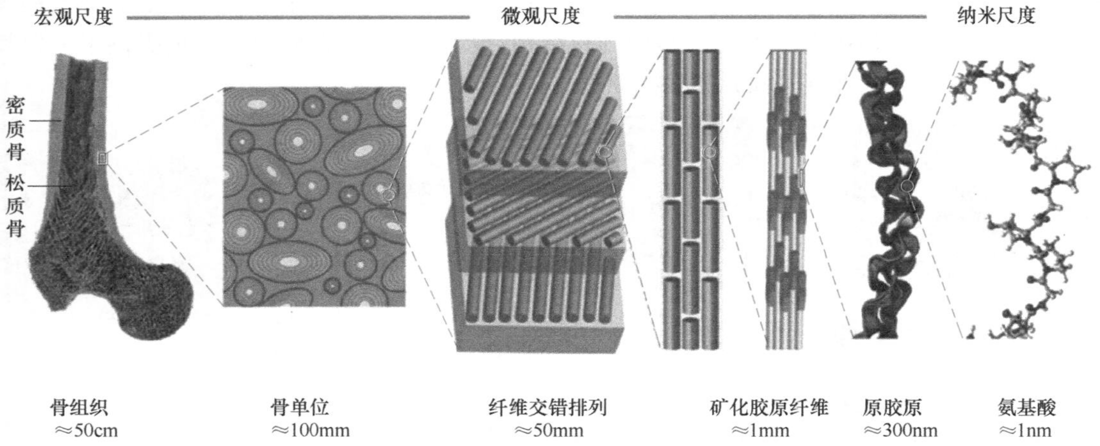

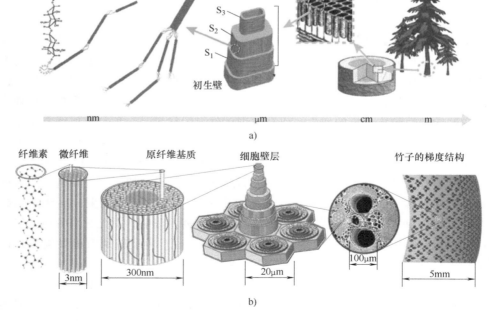

宏观尺度 ——————— 微观尺度 ——————— 纳米尺度

密质骨
松质骨

骨组织　　　　　骨单位　　　　纤维交错排列　　矿化胶原纤维　　原胶原　　　　氨基酸
≈50cm　　　　≈100mm　　　　≈50mm　　　　≈1mm　　　　≈300nm　　　≈1nm

图 5-6　骨骼的多尺度层级结构

进行观察，细胞壁是木材与竹材实际的承载组织，可视为以纤维素作为增强相、木质素和半纤维素为基质的复合材料，此外，细胞壁内部还含有果胶、色素和蛋白质等有机成分，以及钾、钠、钙、磷和镁等无机盐成分。研究发现，两者的细胞壁均为一种多尺度层级结构，如图 5-7 所示。以木材为例，由外到内分别为初生壁、次生壁外层（S_1）、次生壁中层（S_2）及次生壁内层（S_3）4 个副层。各副层是由纤维束分子组成的纤丝系统，多个微纤维束组成每个纤维束，而每个微纤维束的微纤丝由许多纤维束分子链有规则地排列而成。骨骼、木材及竹材等生物材料通过利用多尺度结构及材料的共同作用，实现了强度、硬度及韧性的协同增效。

纤维素　　　纤维素纤维聚合　植物细胞壁　　多孔结构　　　　树

S_3
S_2
S_1
初生壁

nm　　　　　　　μm　　　　　　cm　　　　　m

a)

纤维素　微纤维　　原纤维基质　　　细胞壁层　　　　竹子的梯度结构

3nm　　　300nm　　　　20μm　　　100μm　　　5mm

b)

图 5-7　植物细胞壁多尺度层级结构
a）木材多尺度层级结构　b）竹材多尺度层级结构

5.2.3 多孔结构

自然界中常见的多孔结构有管状和蜂窝形结构两种。许多植物，如马尾草、蒲菜等，其茎呈现中空状态，内部有许多通道微米管，使其在保证足够的强度的同时，兼具材料节约和营养输送的功能。例如，马尾草茎部含有中空的多胞结构，如图5-8所示，在向顶端输送营养的同时，能够承受风、雨等侧向载荷。因此，以马尾草作为仿生模本，Yin等设计出六种具有不同横截面构型的马尾多胞管，并利用有限元评估其在横向加载条件下仿马尾多胞管的耐撞性能，结果表明，与圆管和方管相比，仿马尾多胞管在横向载荷方向具有较好的耐撞性。

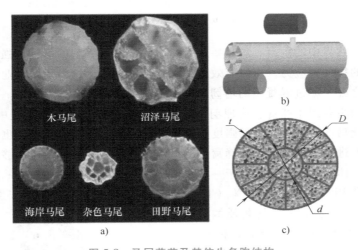

图5-8 马尾草茎及其仿生多胞结构

a）马尾草茎 b）横向载荷下的仿马尾模型 c）泡沫仿马尾结构

另外，很多鸟类和哺乳动物由于保持恒定体温的需要，进化出具有保暖性能的羽毛或皮毛，经研究发现，其羽毛或皮毛具有多通道管状结构。例如，生活在极地的北极熊为了适应极地严寒的环境，经过不断的进化，形成了具有特殊结构的毛发。通过电子显微镜观察北极熊的毛发，可以发现其为透明的中空多孔结构（图5-9），中空的毛发通过反射和散射可见光，将温暖的阳光传输到黑色的皮肤上使得它具有极好的红外吸收能力，起到保温、绝热的作用，用于抵御北极的严寒。

此外，自然界还有多种蜂窝形多孔天然材料，这种材料的性能特点是能够在保证力学性能的同时，大幅降低材料的重量，从而达到轻质高强的优异性能。自然界中拥有此类特殊结构的材料有木材、松质骨、软木、鸟喙和玻璃水母等。影响蜂窝形多孔材料力学性能的重要因素包括表观密度、结构构建，以及底层材料性能。

云杉枝干高大通直，其高度通常可达45m，树姿端庄，适应性强，抗风力强。为了分散垂直方向的荷载，自然进化成的蜂窝形多孔结构满足密度低同时强度高的要求，有利于树木的垂直生长。云杉木中的蜂窝形结构是由长棱形的管胞组成的，而这些管胞组成的材料在结构和力学性能上都有各向异性的特点，即沿着长轴管胞方向的韧性和强度远高于垂直长轴管胞方向，同时发现木材在长轴管胞方向上，其抗压强度要低于其抗拉强度。这种强度上的不

图 5-9　北极熊及其具有管状中空微结构的毛发显微截面图
a）北极熊　b）北极熊毛发截面显微结构

均衡对于生物在自然界中的生存有着重要的意义。为了弥补管胞的低抗压强度，这些管胞会被施加一种天然的拉伸预应力，可以有效地达到增韧的目的，这与建筑工业中的混凝土预应力增韧有着相似之处，不过混凝土的增韧预应力为压缩预应力。

　　鸟类喙的作用主要用于捕食、梳理羽毛、筑巢、争斗等，捕食的过程中，喙起到撕咬、叼住的作用，因此鸟喙通常有一定的强度和硬度，并且为了飞行，轻质量也是必须考虑的因素。经过近亿年的进化，逐渐形成了蜂窝形的鸟喙内部结构，这种结构能够减少组成材料的脆性，降低鸟喙整体的质量，并且对于一些类似啄木鸟这种特殊的鸟类，蜂窝形多孔结构还可以起到减振的作用。例如，巨嘴鸟（Toucan）的鸟喙是一种类似于三明治的结构，如图 5-10 所示，其外壳是由多层的角质鳞片组成，其厚度为 0.5mm 到 0.75mm 不等，每个鳞片宽为 2~10μm，长 2~10μm 的正六边形，鳞片间相互重叠。其内部是多孔泡沫形结构，且大部分的蜂窝结构被 2~25μm 的有机薄壁包覆，形成一个类似封闭单元的结构。

　　值得注意的是，犀鸟鸟喙具有与巨嘴鸟鸟喙相似的结构，同样是三明治形的复合结构。与巨嘴鸟鸟喙不同的是，在犀鸟的喙鞘外壳上有明显的盔形凸起，构成结构骨架的

基本单元。其骨小梁尺寸为几个微米的级别，

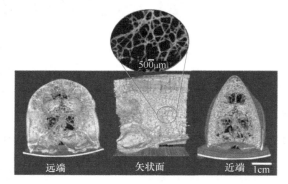

图 5-10　巨嘴鸟鸟喙的微观图像，外层为
角质鳞片及内部为蜂窝形结构

横截面多为圆形和椭圆形，比巨嘴鸟的骨小梁要稍厚。利用纳米压痕测试对巨嘴鸟与犀鸟鸟喙的力学特性进行比较，结果表明，犀鸟鸟喙生物矿化的程度更高，就骨小梁的微观硬度来说，犀鸟鸟喙比巨嘴鸟鸟喙要硬 44%，平均硬度可以达到 0.85GPa，平均模量可以达到 9.3GPa。

5.2.4　其他结构

　　除上述提及的生物结构外，还有很多特殊结构，如缝合结构、重叠结构及梯度分布等。

　　缝合结构是在各种板块、鳞片和骨骼中发现的波浪形或交错的界面，一般由两个部分组成：刚性缝合齿和顺应性界面（图5-11a）。它们经常出现在需要控制材料界面的内在强度和灵活性的区域。缝合线作为微观结构的界面元素出现在生物材料中，例如，红耳滑龟（图5-11b）和棱皮龟的甲壳、哺乳动物的头骨（如白尾鹿，图5-11c）和三刺鱼的骨盆（图5-11d）等。

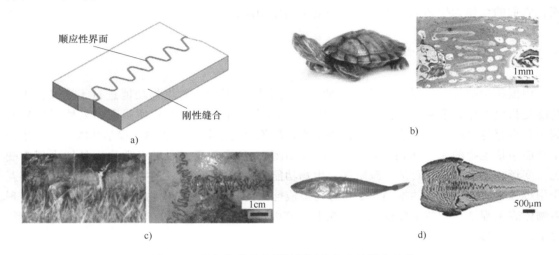

图 5-11　缝合结构示意图及不同生物内的缝合结构

a）结构示意图　b）红耳滑龟及其甲壳　c）白尾鹿及其头骨　d）三刺鱼及其骨盆

　　重叠结构是由一些单独的板块或鳞片组成的，它们可以相互滑动或移动，形成一个灵活的保护面（图5-12a），这些结构最常被用作装甲。重叠结构作为宏观结构元素出现，具体

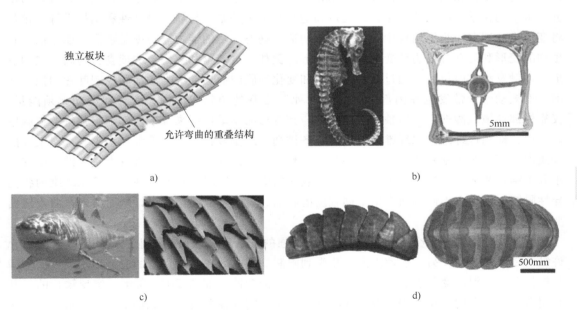

图 5-12　重叠结构示意图及不同生物内的重叠结构

a）重叠结构示意图　b）海马及其尾骨　c）鲨鱼及其覆盖鳞片　d）石鳖及其外骨骼

生物组织包括海马尾巴（图 5-12b）、鲨鱼鳞片（图 5-12c）、石鳖外骨骼（图 5-12d）、千足虫外骨骼、犰狳体表鳞片等。从机械上讲，重叠结构能够确保连续的覆盖，同时允许有灵活性。

自然界还有许多优异的结构，它们以最绿色、最合理、最经济、最有效的方式存在于生物体内，为材料增强结构设计提供蓝本，并且许多生物材料内含两种或两种以上的结构元素，它们的合作为生物体提供了一系列复杂的多功能特性。

5.3　材料功能仿生结构设计

中国科学院院士任露泉教授在《耦合仿生学》一书中，对生物功能进行了定义：生物功能是指生物体、生物群/落（植物、动物、微生物）在生命过程中所呈现的某种（些）有利于其生存与发展的能力或作用。该书将生物功能分为生物学功能和工程学功能，其中生物学功能包括生物的光合作用、新陈代谢、自组织、自修复等，而工程学功能具体表现为变色、变形、超敏感知、自洁、减阻等。生物功能是生物的属性，是生物与其生存环境在相互作用过程中所表现出来的本领，是生存与适应能力的具体表现。生物表面功能设计作为实现生物体表工程学功能的重要途径，将在下一节中进行重点介绍。本节将重点介绍生物变形、超敏感知等功能。

5.3.1　植物的被动变形

运动或变形是生物生存的基础，生物的整个生命过程总是伴随着不同形式的运动与变形，而动物及植物的驱动机制却是大不相同。动物的运动多是由神经系统控制的，其动力由分子水平的化学反应供给。植物的变形和运动行为多是基于材料本身特性和结构设计，植物将变形设计埋藏于组织结构中，赋予了植物适应动态环境的能力。根据是否需要能量供给将植物的变形和运动分为主动变形和被动变形。例如，含羞草和捕蝇草的捕食行为属于主动变形，当触发动作电位后，通过运动的离子和变化的膜的通透性等来激活和控制叶片的捕食运动。而被动变形常发生在内部的细胞为"死"细胞的植物组织内，变形和运动无须能量，仅靠外部环境刺激即可产生预编程的驱动。其变形的驱动机制来源于内部细胞独特的细胞壁微结构，即刚性纤维素原纤维以一定的对齐排列方式镶嵌在由半纤维素和果胶等材料组成的基质内。其中细胞壁基质材料是一种弹性材料，其内部的分子网络中含有大量氢键，能够与水分子结合和分离，达到吸水膨胀和失水收缩的效果。同时受对齐排列纤维素原纤维的各向异性限制，基体在不同方向产生不同程度的收缩，再结合双层结构设计从而实现弯曲或扭曲变形。

例如，松塔鳞片由交叉 90°纤维素纤维增强的复合材料双层结构组成。一层复合材料允许纵向膨胀和收缩，另一层使纵向变化受到限制。因此，在互相竞争的应力作用下，松塔鳞片根据环境中湿度变化引起基质膨胀，产生可逆的弯曲，如图 5-13a 所示，实现鳞片的打开和闭合。洋紫荆的豆荚采用爆裂方式将种子弹出，完成播种行为，如图 5-13b 所示。豆荚在失水干燥过程中，豆荚瓣收缩产生扭转变形，当积聚的应力突破两豆荚瓣间最大连接强度时，产生突然的爆裂，将豆子弹出。豆荚瓣是由双层组织构成的，每一层由基质材料和定向纤维组成，纤维与豆荚长度方向呈大约 45°角。由于纤维的存在，沿着纤维长度方向的收缩被限制，导致豆荚瓣产生扭转。豆荚的两瓣纤维方向相反，产生相向的扭转，最终突破连接极限导致爆裂，将种子弹出。吉林大学任露泉等揭示了牻牛儿苗种子螺旋变形自播种的行为机理。研究表明，牻牛儿苗种子芒部管状细胞的细胞壁背侧与腹侧的纤维素原纤维的取向不同，如图 5-14 所示。芒部内侧纤维素原纤维的取向角度为 80.06°±6.53°，几乎垂直于细胞长轴方向；外侧纤维素原纤维的取向角度为 45.46°±5.48°，与细胞长轴方向倾斜。因此，内外两侧不同的原纤维排列取向角度，致使细胞干燥状态下内外两侧呈现各向异性收缩，进而产生螺旋推进的行为。

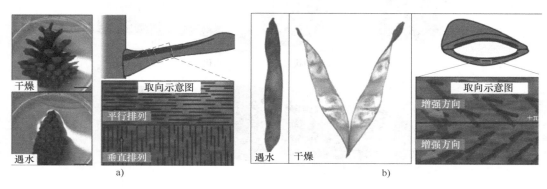

图 5-13　植物组织吸水与失水状态下形状的变化和双层结构示意图

a）松塔鳞片　b）洋紫荆豆荚

图 5-14　牻牛儿苗种子实物图及微观形貌

植物的被动变形除上述提及的利用有序取向纤维素原纤维组成的双层结构，在自然环境动态变化的过程中产生可控被动变形外，还有一些植物利用组织密度及细胞结构设计，从而产生被动变形。例如，在非洲撒哈拉沙漠深处，有一种生命力极强的草，名叫"复活草"。复活草能在干旱的沙漠中生存 100 多年，在没有水时，它就萎缩弯曲成一堆像"干柴"一样的球，随风滚动；遇到水源，它就迅速生根，经过雨水的滋润，几个小时内迅速长出幼苗，再经过几个星期，就长成了一株复活草。周围的水源干涸后，它又缩成一堆球形的"干柴"，随风到处漂泊，等待再次遇到水源。复活草的植物组织在水合和脱水过程中会发生可逆的膨胀和收缩，从而产生复杂的形态转变。生物材料的定向弯曲与组织密度、细胞取向和二次细胞壁组成在轴向和近侧茎侧之间的横截面梯度相关，如图 5-15 所示。在内茎中，细胞壁厚度和组成的纵向梯度影响着茎尖到基部的组织膨胀和收缩，允许比外茎更复杂的卷曲。在风力的作用下，使复活草滚动，遇到水源后"复活"。又如，许多菊科植物，如蒲公英，有毛茸茸的冠毛，可以根据湿度水平关闭以改变散布。Madeleine Seale 等发现冠毛的变形依赖于脉管系统和围绕中心空腔、径向排列的周围组织，水化作用下以径向对称的方式进行异质膨胀，如图 5-16 所示，以协调连接在上侧毛发的运动。这种致动器是双层结构的衍生物，它是径向的，可以使平面或侧向附着的运动同步。

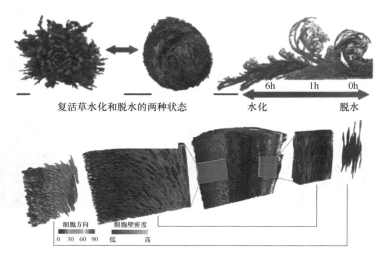

图 5-15　复活草卷曲及各向异性细胞结构

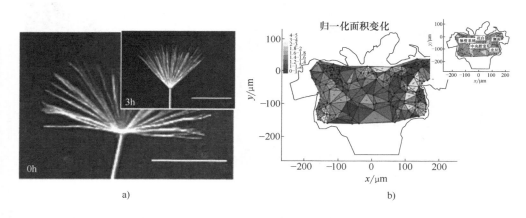

图 5-16　径向图案化的材料膨胀引起蒲公英冠毛变形
a）水化前蒲公英　b）水化后蒲公英顶端板局部扩张和位移

　　冰生植物（如纳库露子花）的种囊表现出复杂的水合运动，如图 5-17 所示，它由吸湿性的龙骨介导，通过细胞壁和纤维素内层之间复杂的相互作用在水化条件下实现展开/折叠。纳库露子花种囊复杂的折纸状展开运动，其中包含有效的弯曲和包装机制。一方面植物细胞的六边形和椭圆形及其层次排列转化为复杂的双向展开运动，诱导龙骨产生巨大各向异性变形；另一方面在折叠和展开过程中阀门的弯曲，以及阀门背板的平面外弯曲，有利于封闭状态下的紧密包装，此外在潮湿、不弯曲的状态下可以减少展开的阻力。

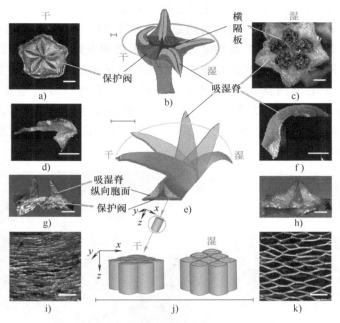

图 5-17　纳库露子花种囊复杂的折纸状展开运动及龙骨微结构

5.3.2　动物的体表感受器

从信息控制系统的角度分析，自然界中的生命体都是由感知（激励）-控制（决策）-反应（运动、执行）三部分组成的生命自动控制系统。其中，感知是生命系统信息获取的基础，是机体对外部和内部刺激做出精确分析和应激响应的先决条件，由生物感受器执行完成，它是生物在复杂、残酷环境中生存下来的重要依赖。根据分布部位和接受刺激的来源不同，生物感受器又分为内感受器、本体感受器和外感受器。一般外感受器也称为生物体表感受器，分布在人和动物的皮肤与体表。它能够高效感知外部机械量、光、热、化学等刺激信号，并将其高效转化为相应的动作电位。这里将着重介绍易被工程转化的生物机械量感受器，如声波感受器、微流量感受器、触觉感受器及微振动感受器。这些生物机械量感受器经过亿万年的优势进化，早已获得了高精度、超灵敏、微尺度、低功耗等优异特性的集成。

以声波感受器为例，D. Robert 等发现奥米亚棕蝇的听觉器官位于头部下方和两只前腿的基节之间，由一对对称布置在前胸腹板上的两侧鼓膜组成，如图 5-18 所示，两鼓膜的距离仅为 1.5mm，声音分别到达两侧耳膜之间的时差不到 2μs，奥米亚棕蝇凭借这种双耳角质皮膜结构的机械耦合放大效应，能够对外界入射声源的方位做出准确的判断。在奥米亚棕蝇的启发下，纽约州立大学的研究人员发明了一款微型麦克风，麦克风内部配备了一张面积仅为 1mm×3mm 的小隔膜，当声波撞击该隔膜时，该隔膜会环绕一个中轴转动，比传统麦克风声音更为柔和。

就流量感受器而言，自然界中的节肢动物，为了能够感知天敌或者捕食对象活动而引起的周围空气扰动，进化出了极其灵敏的微流量感受器（蟋蟀尾巴上的丝状毛、蜘蛛运动足上的盅毛，以及蝎子螯肢上的盅毛），如图 5-19 所示。上述流量感受器都是由外骨骼碗状结构的毛窝和伸出毛窝外的毛杆组成的，毛杆如同一根悬挂在空气中的悬臂梁，毛杆底部在毛窝内与神经元树突末端相连，神经元的功能是将外部流量信号转化为生物电信号。毛杆极大的纵深比为流量感受器的超灵敏、高精度性能提供了结构保证。当有气流作用在毛杆上时，毛杆会随气流摆动并通过与毛杆底部相连的神经元将机械量信号转化为生物电信号。相关研究表明，使得毛杆在毛窝内摆动且引起相应神经元产生电信号的最小机械能为 10^{-21}J。Humphrey 等受蜘蛛盅毛流量感受器启发，研发了一款混合型阵列传感器，每一个传感器单元由嵌入在聚二甲基硅氧烷中的环氧树脂"毛"结构和底部印制电路板组成，该传感器阵列可以用来检测微小的喷射流。

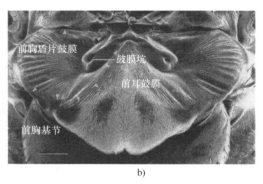

图 5-18　奥米亚棕蝇声波感受器结构

a) 奥米亚棕蝇　b) 听觉器官

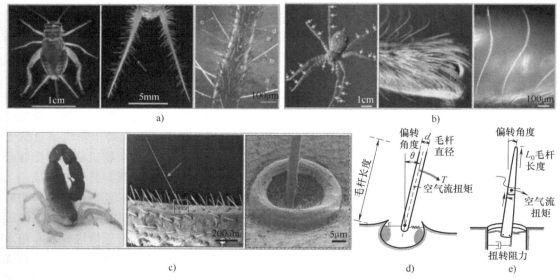

图 5-19　节肢动物及其微流量感受器和相关物理模型

除上述不同类型的机械量感受器外，还有微振动感受器。关于振动感受器的研究主要集中在蜘蛛、蝎子两种蛛形纲生物上，其微振动感受器都是由长度不同的缝感知单元组成的，如图 5-20 所示。Barth 等对蜘蛛微振动感受器缝单元的长度、排布规律进行了研究，并对缝感受器在感知过程中的受力情况进行了有限元模拟。结果表明，缝感知单元在外部振动信号作用下会发生形变，相连的感知神经元将这种形变转化为了生物电信号。P. mesaensis 蝎的振动感受器由呈扇形排布且长度不同的缝单元组成，分布在八条运动跗骨关节的末端，能够灵敏地感知、定位周围几十厘米范围内由生物运动引起的沙粒扰动，同时也能够灵敏地检测到作用于其跗骨末梢，振幅为 10nm 的微振动信号。

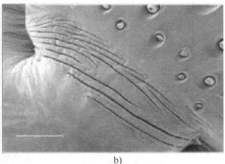

a)   b)

图 5-20 蜘蛛及不同长度的缝感受器

5.4 材料表面仿生结构设计

生物体中特殊的微纳结构赋予其特殊的表面，展示出其优异的性能。研究人员通过对表面微纳结构材料的复刻，实现把生物的性能转嫁到人们日常应用中，更好地为人类服务。本章将列举一些典型的生物表面，展示其令人称奇的性能并分析其特有的多元结构。

5.4.1 超疏水自洁功能

荷叶表面由许多乳突构成，表现出凹凸不平的微观粗糙结构，并且粗糙结构的表面覆盖有类蜡质晶体，二者协同作用，使得荷叶表面呈现明显的疏水性，水滴在这种表面上具有较大的接触角，可有效阻止荷叶被润湿；水在荷叶上能形成水珠，实现对沾染物的润湿和黏附，表现出自洁功能，如图 5-21 所示。研究人员还发现莲花种子荚表面同样表现出超疏水自清洁特性，其水滴接触角达 $153.90° \pm 2.7°$。水滴可以在荷叶表面和莲花种子荚表面沿着任何方向自由滚动。同样的超疏水表面特征出现在槐叶萍表面，经扫描电镜观测可以发现，槐叶萍表面存在高度约为 2mm 类打蛋器状的微观结构，如图 5-22 所示。

以上植物表面的润湿特性表现为各向同性，而各向异性的润湿特性表现为在不同方向上具有不同的滚落行为。例如，对于蝴蝶来说，水滴容易沿蝴蝶身体中心轴的外辐射方向（RO）移动，相反方向则被紧紧固定住。经电镜扫描观测到蝴蝶翅膀表面存在大量长度约为 150μm、宽度约为 70μm 的方形鳞屑，鳞屑间相互重叠，如图 5-23 所示，进一步放大观察，可以发现其上方分散众多由长度明显不同的多层表皮薄片组成的脊状纹。通过调节翅膀的姿态即朝上或朝下，可以使液滴在滚落和黏附两种不同的运动状态下自由切换。研究人员分析认为，导致液滴在滚落和黏附两种不同的运动状态下自由切换的主要原因是，翅膀上的微米级鳞片的重叠分布及柔性纳米尖端在脊状纳米条带上的定向排列，使得液滴与翅鳞之间产生了两种不同的接触模式及黏附特性。这一重要特性的发现对于新型微流控装置的开发具有重要启示作用。

图 5-21　荷叶超疏水自洁功能及其表面微观结构

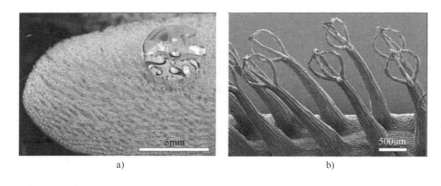

图 5-22　槐叶萍表面超疏水表面及类打蛋器状微观结构
a）槐叶萍　b）表面微观结构

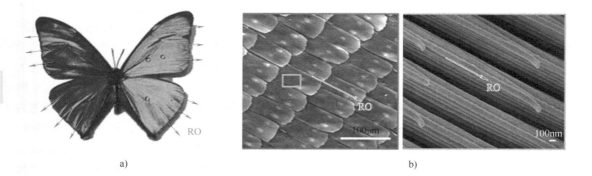

图 5-23　蝴蝶翅膀的方向性黏附及微观结构
a）蝴蝶翅膀的方向性黏附　b）蝴蝶翅膀微观结构

5.4.2　方向性集水

自然系统中还有很多生物体表面具有水滴定向运输的特性，其主要依赖于表面能的梯度和拉普拉斯压力梯度作为驱动力，一方面源自表面化学组成的不同或表面粗糙度的不同的表面能梯度，驱动水滴朝具有更高表面能的更润湿区域移动；另一方面生物独特的微结构产生拉普拉斯压力差，令微米级水滴发生移动。例如，蜘蛛丝由湿敏亲水鞭毛蛋白组成，将干燥的蜘蛛丝置于雾中，小水滴在链接结构和纺锤节结构上随机凝结。如图 5-24 所示，随着水滴凝结的进行，水滴（1~10）尺寸变大，链接结构上的水滴向最近的纺锤节结构移动，在此合并成更大的水滴（L、M、N）。Yuan Chen 等制造了一系列人工梯度微/纳米结构纤维，这些纤维具有向特定方向驱动微小水滴、吸水、多梯度协同效应、对环境湿度的湿响应等优良功能。

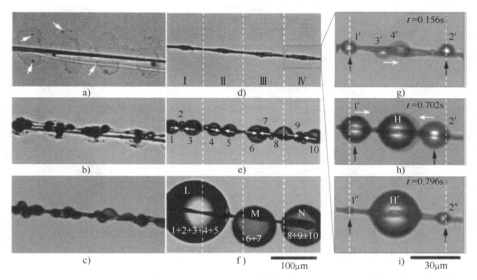

图 5-24　雾中蜘蛛丝定向集水的原位光学显微观察

除此之外，猪笼草捕食器边缘同样具有定向润湿的特征，其独特的表面特性是润滑液体与其表皮细胞排列为一阶和二阶的类鸭嘴形结构协同作用的结果。仙人掌同样也具有优异的雾收集能力，这源于其三阶梯度结构，尖端具有定向的倒钩，中间包含梯度凹槽，底部覆盖有带状毛状体。一些生活在那米比沙漠中的甲虫，通过收集风中的雾气作为饮水的来源。例如，拟步甲科昆虫把身体前倾在风中收集水，小水滴在翅鞘的前端形成，然后从昆虫的表面滚到嘴里，水从空气中被提取出来，然后形成液滴。

5.4.3　结构色

精妙的天然结构往往决定了优异的功能特性，蝶翅表面的跨尺度层级微结构，决定了其蝶翅表面必然有着优异的功能特性。除上述介绍的水滴方向性黏附外，蝶翅表面还具有丰富的结构色。结构色（又称物理色），是完全不同于色素色（化学色）之外的一种显色方式，它的产生主要得益于光线与类波长结构相互作用所产生的复杂的干涉、衍射和散射等光学现象。而蝴蝶体表绚丽的结构色是由于其外骨骼上的几丁质层所构成的微纳结构与照射在其表面的光线发生多种光学效应所导致的，如光学干涉、散射和衍射等，如图 5-25 所示。在蝴蝶的生存、繁衍和日常活动中，结构色具有重要作用，如警戒作用，用来恐吓对其具有威胁性的天敌和捕食者；拟态隐身作用，利用翅膀颜色及图案模拟周围的环境如枯萎腐败的落叶，从而达到隐身、躲避危险的效果；体温调节，通过翅鳞中的微纳结构快速吸收外界环境中的热量，以维持其所必需的代谢活动；求偶作用，通过利用结构色在族群内部传递生物信号，吸引异性进行交配，繁衍、延续生命。

图 5-25　多种蝴蝶翅膀的结构色、相关层级结构及单个翅膀鳞片散点图
a）红鸟翼凤蝶　b）悌鸟翼凤蝶　c）绿鸟翼凤蝶　d）蓝鸟翼凤蝶

在自然界发现另一种具有结构色的物体为蛋白石，又称欧泊，它会因观察角度不同而呈现不同颜色的闪光，因此很久以前就被作为"宝石"而受到人们的喜爱。这是由于特定波长的可见光不能透过光子晶体，这部分光被光子晶体反射，在具有周期性结构的晶体表面形成相干衍射，产生了能让眼睛感知的结构色。另外，研究人员在澳大利亚昆士兰的东北部森林里发现一种甲虫（Pachyrhynchusargus），从任何方向都可以从甲虫表面看见金属般的色泽。通过显微观测发现，其鳞片具有光子晶体一样的光学特性和类似蛋白石的结构，如图 5-26 所示。鳞片的内部结构是一些固体的透明小球（直径大约为 250nm），小球以六角密堆结构排

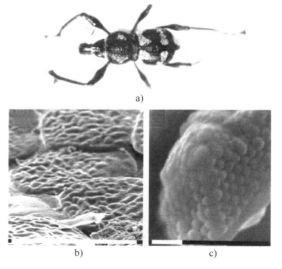

图 5-26　Pachyrhynchusargus 甲虫及体表类似蛋白石的光子晶体结构

列，形成类似蛋白石的光子晶体。

5.4.4 减阻

自然界生物体表一般具有一定规律的纹理结构，除了保护机体防止天敌攻击外，还可以助其适应外界环境，如鲨鱼、海豚、昆虫等非光滑表面可以控制壁面流场结构，抑制流动分离，减少阻力。而生物的这种非光滑表面为航行器的被动减阻表面设计提供了灵感。生物的非光滑减阻表面类型主要包括肋状沟槽结构、凹坑鼓包结构、随行波结构等。下面将对这几种生物非光滑减阻表面进行介绍。

肋状沟槽结构：鲨鱼在广阔的海洋中可以快速地游动，以便能够捕获到足够多的猎物。经研究发现，鲨鱼的体表鳞片存在一定的沟槽结构，如图 5-27 所示。研究人员分析不同沟槽壁面（矩形、半圆形、正弦波形和 V 形等）、沟槽深度及分布肋状沟槽结构表面的减阻效果，结果表明非光滑表面具有显著的减阻效果。

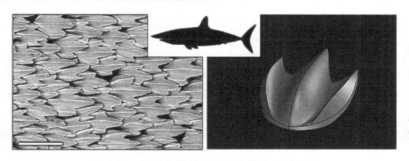

图 5-27 短鳍灰鲭鲨体表鳞片微结构及模型

凹坑鼓包结构：来自于昆虫的外壳表面，这种表面结构常见于生活在湿润土壤里的昆虫体表，这样的非光滑体表有利于其生活在黏湿的土壤中而容易脱附，节省能量。受到穿山甲等体表波纹状结构的启示，吉林大学的丛茜等设计了波纹形仿生非光滑推土板，经试验发现，相比光滑表面推板来说，非光滑表面推板减阻效果较好，减阻效率提高有 25% 以上。赵军等设计了不同凹坑直径、凹坑深度的非光滑表面，并利用仿真分析研究其减阻效果，结果表明，凹坑直径及深度分别为 0.8mm、1.6mm 时减阻效果最好。

随行波结构：沙漠里的沙丘长期经受大风的洗礼，形成波浪形沙丘结构，如图 5-28 所示。这种波浪形结构会在一定的流动条件下，在波谷位置形成二次流动漩涡，具有稳定的减阻效果。受沙丘波浪形结构启发，Walsh 基于条纹薄膜的方式进行了减阻试验，结果表明，波浪形表面结构获得了约 7% 的减阻效果。

图 5-28 波浪形沙丘结构

随着不可再生能源的大量消耗及人类环保意识的逐渐提高，节约能源、绿色环保技术逐渐受到各国研究人员的高度重视。而仿生非光滑表面减阻技术因其成本低、易实现、减阻效果突出等优势，逐渐被民用航空、航海运输、农用机械、天然气运输等领域所采用。

5.5 材料仿生增强结构

生物矿化复合材料具有目前工程材料无法比拟的低密度、高强度和韧性，为新一代结构材料的设计提供了灵感。其中螳螂虾是一种长度为 6~10cm 的甲壳类动物，根据其末端指节螯棒的形状及其攻击方式可大致分为穿刺型螳螂虾和粉碎型螳螂虾。穿刺型螳螂虾的指节螯棒较为锋利，呈现窄而尖的特点，其外形呈长矛状。除此之外，穿刺型螳螂虾的指节上还均匀地排列着锋利的棘刺，在捕食猎物时，通常是利用其具有倒刺的指节螯棒飞快地刺戳猎物，使其当场毙命。给猎物造成致命损伤的同时其自身却毫发无损，这证明螳螂虾指节螯棒表面的矿化材料具有优异的综合力学性能。因此，本节将以穿刺型螳螂虾指节螯棒矿化表面微结构的设计-建模-性能测试全流程为例，进行材料仿生增强结构设计与制备的展示。

5.5.1 生物模型分析

张斌杰等选择广泛分布于我国各个海域的口虾蛄（Oratosquilla Oratoria），即人们常说的皮皮虾为研究对象，图 5-29 所示为口虾蛄及其指节螯棒的外观形态。其捕食行为主要为利用其锋利的茅形指节螯棒快速刺戳，并利用指节螯棒上的倒刺进一步杀伤猎物，在此过程中指节螯棒主要承受弯曲载荷。因此，分析生物材料组成及微结构对于其优势功能的获取至关重要。

a)   b)

图 5-29　口虾蛄及其指节螯棒外观形态

首先，生物样品的成分通常较为复杂，往往需要通过多种方式共同作用来实现其成分的表征。通过对生物材料进行傅里叶红外光谱的分析，得到生物材料的有机构成，如图 5-30a 所示，发现口虾蛄指节螯棒的主要成分为甲壳素。再结合 X 射线衍射（XRD）（图 5-30b），发现指节螯棒高度矿化，含有大量氟磷灰石，基本确定口虾蛄是由高度矿化的甲壳素纤维组成的。

其次，利用 EDS 能谱分析确定口虾蛄指节螯棒矿化外壳的元素组成，结果如图 5-31 所示。结果表明，口虾蛄指节螯棒主要由 Ca、P、C、Mg、S、F 等元素组成，并且这些元素存在着一定程度的梯度现象，这表明螳螂虾指节螯棒存在一定程度的矿化梯度。

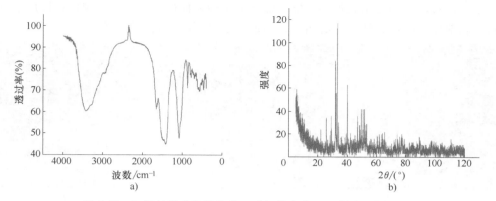

图 5-30　口虾蛄指节螯棒的傅里叶红外光谱及 X 射线衍射图谱

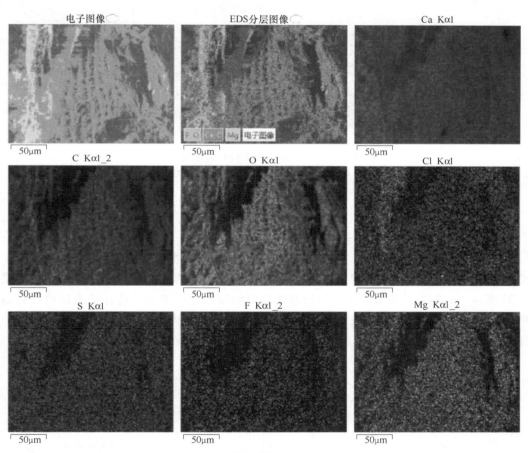

图 5-31　口虾蛄指节螯棒 EDS 能谱分析

最后，利用超景深显微镜与扫描电子显微镜观测口虾蛄指节螯棒的微观结构。如图 5-32a 所示，利用超景深显微镜观测到口虾蛄指节螯棒的截面最上方是一层无微纳结构的矿质层，下方呈现出明显的周期状条纹结构。进一步结合扫描电子显微镜观察到多级有序结构，如图 5-32b~f 所示，即微小的纤维组成了纤维束，经过纤维束的复合得到单层纤维层，

127

单层纤维层经过层层铺排组装得到了螳螂虾指节鳌棒表面矿化结构。纤维层在层层铺排的过程中每层相对于上一层旋转一定的角度，即形成了典型的布利冈螺旋结构。

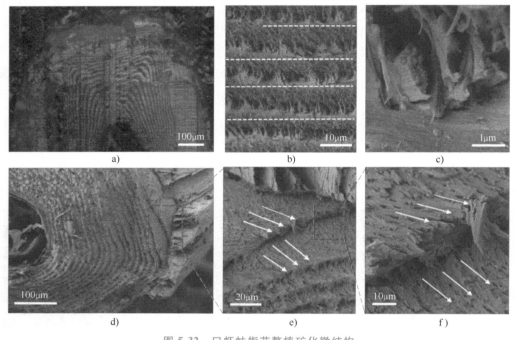

图 5-32　口虾蛄指节鳌棒矿化微结构

a）超景深显微图　b）~f) 扫描电子显微图

5.5.2　增强机理分析

由于口虾蛄在捕食过程中，其指节鳌棒需要刺戳猎物，主要承受弯曲载荷，同时由于其内部结构的特点，纤维层与纤维层之间容易出现较大的层间剪切应力。其弯曲测试的结果如图 5-33 所示，螳螂虾的指节鳌棒具有较高的抗弯强度与弯曲模量。通过纳米压痕仪对指节鳌棒微观力学性能进行测试，发现其指节鳌棒矿化外骨骼由内到外存在明显的外柔内刚的力学梯度（图 5-34），外侧具有较高的模量和硬度，内侧的模量和硬度较低。

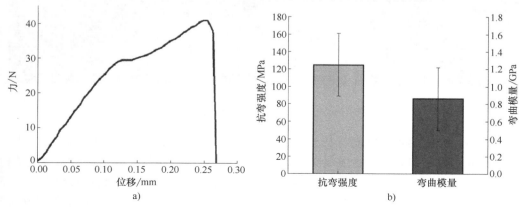

图 5-33　口虾蛄鳌棒弯曲性能测试

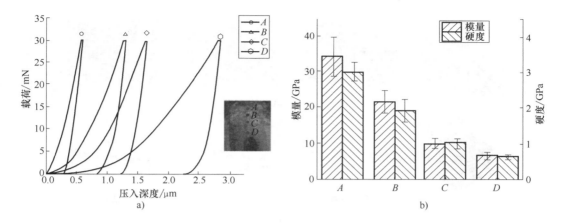

图 5-34 口虾蛄指节螯棒微观力学性能测试结果

综上所述，螳螂虾指节螯棒主要存在以下特征，内部呈现出典型的"布利冈"螺旋状铺排的纤维结构，且由内到外存在刚柔耦合的梯度力学特性。材料断裂过程中，螺旋状纤维结构会发生一定的偏转和扭曲，裂纹路径大大增加，可大幅度提高生物材料的弯曲与剪切过程中的损伤容限。另外，螳螂虾刚柔耦合的梯度力学特征，赋予了指节螯棒较强的抵御能力，较大模量的外侧有利于机体保护，内侧较低的模量可提高材料的韧性，有效耗散外部载荷。

5.5.3 仿生抗弯曲复合材料的设计与制造

螳螂虾指节螯棒是由高度矿化的甲壳素纤维呈螺旋状层层堆叠而成的，将其通过仿生映射简化为工程模型，即为玄武岩纤维的螺旋状层层铺排。由于玄武岩平纹织物相较于单向带具有更好的各向同性，同时纤维间具有更好的结合，因此选用玄武岩纤维平纹布进行材料的设计与建模。相邻两层之间的固定夹角为仿生结构设计的重要参数，称之为层间转角。张斌杰等利用玄武岩纤维织布铺放的层间转角，与环氧树脂组成预浸料，如图 5-35 所示，然后在 5MPa 压力和 80℃ 反应 6h 的条件下利用热压机进行固化，制备成 0°、11.25°、18°、45° 层间转角的结构，最后对试样进行冷却，利用砂轮沿不同方向进行切割制得不同加载方向的试样，对试样的弯曲特性进行测试分析。对于沿不同加载方向的弯曲性能，18°层间转角的试样在试验中表现最为优异，抗弯强度和模量的平均值最高，破坏应变最低（图 5-36）。进一步分析相应仿生机理可以发现，布利冈螺旋结构的引入能够有效改变应力的传递。

本节选取螳螂虾指节螯棒作为生物模本，通过观察它们的生存环境、组成成分，以及内部微纳结构，深入分析了指节螯棒的轻质高强机理及其承载特性，确定了其适用的不同工况与载荷状态，最终根据指节螯棒微结构制备获得抗弯仿生复合材料，使其兼具了轻质、抗弯剪等优良特性。

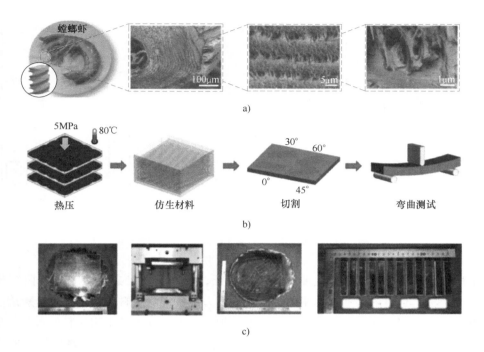

图 5-35   玄武岩纤维增强仿生抗弯剪复合材料的制备过程

a）螳螂虾指节螯棒微观结构   b）仿生制备   c）仿生抗弯曲复合材料

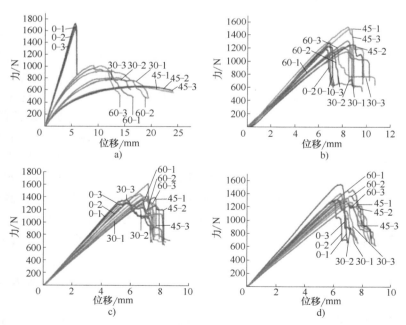

图 5-36   不同层间转角的弯曲特性

a）0°   b）11.25°   c）18°   d）45°

5.6　材料仿生表面结构

随着世界范围内人口持续增长、工业化水平逐步提高，环境污染问题愈加严重，水资源短缺问题越来越突出，如何有效获取淡水资源已经成为时下的一个热点课题。液体控制技术是减轻水资源短缺危机最重要的方法之一，典型的液体控制技术有：海水淡化技术、雾汽收集技术、液体输运技术和油水分离技术等。众所周知，材料的优良特性不仅依赖于化学组成，还与其结构密切相关。师法自然，蝴蝶经过亿万年的自然选择与进化，为适应冰原、荒漠及雨林等地理恶劣生存条件，其蝶翅已逐步形成了液控功能突出的体表结构，并且蝶翅体表结构的液控性能是现有液控功能材料所远不能及的，这些生物结构为设计开发新型仿生液控功能材料提供了新思路。本节选择红颈鸟翼凤蝶蝶翅集雾功能机理分析、蝶翅层级可视化结构模型构建、性能测试等三个方面对材料仿生表面结构设计与制备进行介绍。

5.6.1　红颈鸟翼凤蝶蝶翅集雾特性分析

红颈鸟翼凤蝶主要生活在马来西亚海拔 $500\sim1500\mathrm{m}$ 的热带雨林地区，为了满足生存需求，其蝶翅具有丰富的集雾功能。图 5-37 所示为红颈鸟翼凤蝶的实物照片。研究中李博等选择取蝴蝶前翅作为研究对象，前翅展宽约为 14cm，其上半部分为黑色条形区域，下半部分由类三角形的黑色与绿色区域交替排列组成。首先，研究人员利用超景深三维成像观察蝶翅的黑色区域，发现鳞片相互重叠，呈覆瓦状，而单个鳞片呈长方形，其尾部呈尖锐的锯齿。对翅鳞整体表面进行了三维成像，经计算得到翅鳞表面粗糙度（Ra）为 25.952nm，这主要是因为鳞片的根部嵌在翅膜基底上，而尾端与所覆盖鳞片的根部间有较大的间隙，因此造成蝶翅表面粗糙度的显著提高。

a)

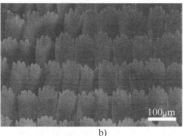
b)

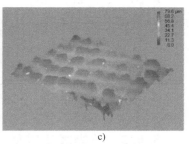
c)

图 5-37　红颈鸟翼凤蝶宏观形貌及覆瓦状鳞片结构

利用发射电子扫描显微镜进一步放大观察蝶翅表面的单个鳞片。如图 5-38 所示，可以发现凸脊和类蜂窝状结构共同构成了蝶翅鳞片的精细结构。准平行的凸脊纵向地贯穿整个鳞片，相邻凸脊之间的空间被"蜂窝"状结构填满，脊与脊之间的距离约为 $1.6\mu\mathrm{m}$，凸脊高度为 $1.9\mu\mathrm{m}$，而且在脊和蜂窝状结构的底部，存在一个较大的空腔。

其次，研究人员分别用能量色散 X 射线谱、X 射线衍射、傅里叶红外变换光谱确定蝶翅类蜂窝状结构化学成分。结果显示蝶翅的主要组成元素包括碳（C）、氢（H）、氧（O）和氮（N），其中 C 和 H 两个元素的摩尔分数分别为 56.47% 和 29.19%。而在 XRD 图谱中，

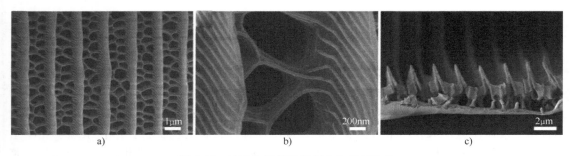

图 5-38　凸脊和类蜂窝状耦合的微观结构

入射角为 8.41° 和 11.27° 处出现了两个强的布拉格（Bragg）特征峰，进一步证明了蝶翅显微结构的周期性特征。最后，通过傅里叶红外光谱确定蝶翅的化学键，如图 5-39 所示，在波数为 $667cm^{-1}$ 和 $2358cm^{-1}$ 处出现的特征吸收峰，主要是由二氧化碳的弯曲振动和不对称拉伸振动引起的。在 $3428cm^{-1}$ 和 $3260cm^{-1}$ 处的宽吸收峰分别对应于羟基—OH 和—N—H 键的拉伸振动行为。在 $2966cm^{-1}$、$2923cm^{-1}$ 和 $2874cm^{-1}$ 处的弱吸收峰对应于—C—H 键的拉伸振动峰。指纹区内的 $1655cm^{-1}$、$1550cm^{-1}$ 和 $1310cm^{-1}$ 处的多个峰分别来自于甲壳素的特征基团酰胺 I、酰胺 II 和酰胺 III。$1076cm^{-1}$ 附近的弱峰则属于—C—O 键的拉伸振动峰，而 $886cm^{-1}$ 附近的弱峰则是由作为甲壳质骨架的六元环的拉伸振动引起的。综上，可以确定蝶翅的主要组成成分为甲壳素。

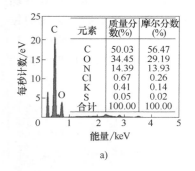
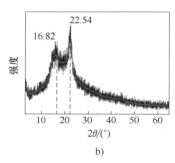
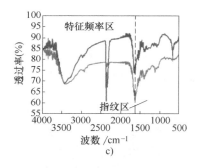

图 5-39　蝶翅化学成分表征

5.6.2　仿蝴蝶集雾复合材料的设计制备及其性能研究

　　基于蝶翅的结构及化学组成特征，利用该种蝶翅的类蜂窝状疏水结构为模板，构筑亲水性的反结构材料，就可以得到亲水性锥形柱阵列，具有实现高效亲水性集雾功能的潜在能力。生物模板法制备反结构复制品，在较低放大倍数下，可以观察到周期性排列的纳米柱阵列（图 5-40a），这些柱状结构是由黑色鳞片上的类蜂窝状结构拓印形成的。前驱体溶液填充了平行脊之间的多孔状结构，经凝胶固化及强氧化性酸溶液腐蚀后，在原本是孔结构的位置形成了柱状结构。图 5-40b～d 是反结构复制品的高倍放大图像。纳米柱顶端的形状各异，这是继承了类蜂窝状结构的结构特征。

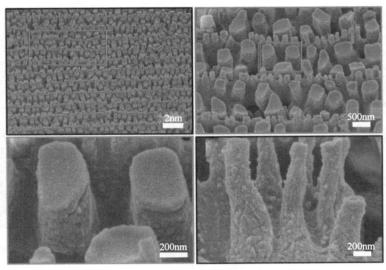

图 5-40   反结构复制品纳米柱的微观形貌

5.6.3   仿生结构表面润湿特性及集雾特性测试

超亲水特性是其超亲水集雾行为的核心属性，超亲水特性赋予了仿生表面对水分子极强的捕获能力。研究人员利用接触角测量仪评估水滴在其仿生表面的润湿特性，如图 5-41 所示，未经任何处理的载玻片被设置为对照组，结果表明，载玻片表面为亲水性表面，但其接触角为 48.4°，而在反结构复制品表面的表征接触角约为 6°，证明了其超亲水属性。

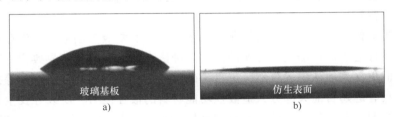

图 5-41   载玻片及仿生集雾表面的润湿特性
a）载玻片   b）仿生集雾表面

对于集雾功能，利用超声波加湿器及导管产生稳定的连续雾汽，调控测试区域湿度维持在 80% 以上。然后，通过测试反结构复制品在喷雾过程中的透过率变化来定量地表征反结构复制品集雾的效率。在连续的 60s 内，研究人员持续记录透过率的变化趋势，所记录数据如图 5-42 所示。在开始的 10s 内，短波波段（350~480nm）的透过率增加到 84%，最终降低到 27%。值得注意的是，在 480~1000nm 的波长范围内，反结构复制品在不同喷雾时间下的最大透过率几乎保持稳定在 95% 左右，证实了反结构复制品在较宽的波长范围内显示出了极高的集雾效率。

分析反结构复制品集雾机理，可以将仿生集雾过程分为两个阶段。第一阶段为"雾汽捕捉"阶段。雾汽随着气流流经柱状结构时，会不断碰撞、接触柱状结构表面的纳米级小凸起，并自发地黏附在小凸起的表面上，雾气随时间的推移不断在锥形柱状结构表面聚集，

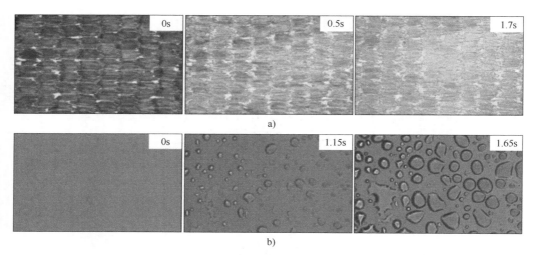

图 5-42　仿生集雾表面与载玻片的集雾行为表征
a）仿生集雾表面　b）载玻片

最后形成微小液滴。另外，液滴与空气的界面处会形成一种黏着层，吸引、捕获周围空气中的水分子，进一步增加微小液滴的体积。第二阶段为"各向异性液膜扩散"阶段，随着液滴体积不断增加，多个液滴相互接触，最终在柱状结构上部形成液膜。由于柱状结构尺寸的不均一性，导致接触面积不同，因此，不同柱状结构对液膜的作用力大小不同，受到不平衡力的液滴会在液膜表面形成剪切力，将液膜打碎，最后沿着柱状结构的表面流入下部间隙中。当上部液膜消失后，靠近上侧的微小凸起结构恢复对雾汽的捕捉能力。整个仿生柱状阵列结构不断地重复"雾汽捕捉"和"各向异性液膜扩散"阶段，直至整个柱状结构阵列的空间被液体完全浸湿。

　　自然界的生命体，历经数亿年的演化，逐步形成了非常极具创造性的生存策略与生物功能材料，能够较好地满足严酷生活环境的需要。师法自然，研究自然界典型生物特征结构不仅可以指导人们更深刻地认识大自然，更可为破解当下科学难题、技术困局等提供有益启发与借鉴。生物具有远超目前大部分人造液控功能材料的液控能力，所以寻找生物体表卓越液控性能的内在机制，并以其为基础开发原理新颖的新型液控功能材料，是实现高效、经济、节能和绿色优良特性液控功能材料设计开发一体化的重要手段。将仿生学思想引入其中，可为液控功能材料破冰提供一种新的思路和参考。

思　考　题

1. 简述材料设计的定义。
2. 简述材料仿生设计的定义。
3. 仿生设计的基本准则包括哪些？
4. 目前材料的设计层次有哪些？
5. 材料设计中的人工神经网络系统是什么？
6. 仿生设计的权重准则是什么？
7. 仿生设计的最优化准则是什么？
8. 材料增强仿生结构设计是什么？常用的策略有哪些？

第6章
材料仿生设计实例

天然生物材料种类繁多，虽然它们的基本组成物质都是糖和蛋白质等有机物，以及矿物质和水等无机物，但却形成了组织和形态各异、性质和功能截然不同的生物材料，它们蕴藏着许多尚未被认识的特性和机制，是我们学习和仿制的知识宝库，人们正在试图了解更多天然生物材料的奥秘，期待将从中获得的信息和启示应用到工程材料的仿生设计和制备中。前面几章介绍了复合材料与天然生物材料的基本知识，许多天然生物材料作为材料仿生研究的对象，并在探索和开发新型仿生材料中得到应用，本章将针对部分仿生结构材料、仿生表面材料、仿生摩擦材料、仿生驱动材料设计实例进行介绍。

6.1 仿生结构材料

本节主要介绍仿蜂巢结构材料。

1. 仿蜂巢结构材料

能量吸收装置都需要具备减缓振动和撞击功能。常见的能量吸收装置有两种基本类型，一种是可再利用的装置，如活塞和气袋；另一种是一次性装置，如易碎的管形结构或可压碎的蜂巢结构。一次性能量吸收装置应当不仅具有较高的比能量吸收值，而且还可以精确预测其破坏机制和速度，以及载荷-位移特性。如图 6-1 所示，恒定的载荷-位移特性表示破坏载荷平均值没有什么波动。相对于平均破坏载荷，金属能量吸收装置比能量吸收值高，但是载荷波动不可预测性较大。

人们为了使材料具有更大的能量吸收性能，仿蜂巢结构设计制备了能量吸收材料。例如，由浸渍树脂的纤维薄片卷绕成规则

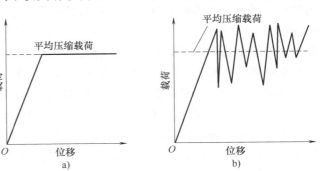

图 6-1　能量吸收装置载荷-位移特性

a）理想状态　b）典型金属管的轴向压缩

的三维蜂巢结构而制成的复合材料，不仅重量轻，而且能量吸收性能好。巢室管的壁厚、直径和多层巢室管壁中的纤维取向，影响材料的能量吸收能力，决定材料破坏方式的稳定性。

2. 仿蜂巢结构材料制备

仿蜂巢状复合材料制备过程是：首先通过树脂预浸纤维织物（预浸料坯）制得结构材料薄片，并在 PTFE 涂覆的轧辊上卷绕制备蜂巢状结构，如图 6-2 所示。或者将其裁切并夹于约束板和基板之间组装成传统的蜂巢状材料。巢室管垂直于两个平板或者以制得的巢室管本身长度直接做成蜂巢状平板，巢室管平行于约束板和基板。这里只介绍图 6-2a 所示的蜂巢状复合材料及其沿巢室管轴向的能量吸收特性。试验中轧辊直径是 4.2mm、6.2mm、11.2mm，巢室管壁材料是预浸玻璃纤维织物的环氧树脂复合材料，巢室管壁厚度是 0.3mm。

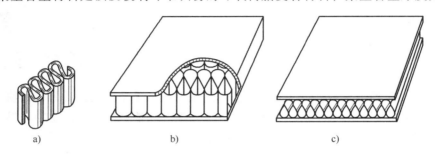

图 6-2　蜂巢状复合材料

a）蜂巢复合结构　b）巢室管垂直平板的蜂巢状结构　c）巢室管平行平板蜂巢状结构

蜂巢结构的能量吸收特性是巢室管数量、试验速度、巢室管壁厚 t 与巢室管直径 D 的比值，以及纤维取向 θ 的函数。载荷-位移（压下距离）曲线下的面积为试样吸收的能量，破坏的蜂巢结构复合材料单位质量吸收的能量为比能量吸收值，最大载荷与平均压缩载荷的比值表示载荷均匀性，对于在"稳定"区域具有无规律破坏特性的试样，将该区域吸收的总能量被压下距离相除来计算平均压缩载荷。

3. 仿蜂巢结构材料破坏特性

蜂巢结构轴向压缩的破坏模式有稳定形式、非稳定形式，以及中间形式。稳定破坏是复合材料的稳定渐进性破坏，虽然在材料中有碎片，但是材料仍然保持较好的结构完整性。如图 6-3a 所示，大多数压碎的材料在各个巢室管内集中。随着破坏程度增大，碎片形成硬而紧密的核，增加结构的破坏阻力。材料的巢室管内径为 6.2mm，巢室管壁厚为 0.6mm，在 1m/s 速度下，原始长度 35mm 被压短为 12mm，相应的载荷-位移曲线如图 6-3b 所示。材料渐进破坏的特征是基本不变的载荷-位移曲线。

在巢室管直径较大、巢室管壁较薄的试样中发生非稳定破坏。在变形的早期阶段，临界裂纹导致试样失效。非稳定破坏是不可预测的，图 6-4 给出了巢室管壁厚 0.3mm、巢室管直径 6.2mm 的试样。原始巢室管长度为 35mm，以 1m/s 的速度被压缩了 12mm。裂纹迅速扩展穿过试样的过程是低能量消耗的过程。载荷-位移曲线表明载荷迅速上升到裂纹传播所需要的水平并迅速降低，最后是接近常数的较低的平均压缩载荷。

结构破坏的中间形式包括材料碎化和巢室管的相互贯穿性破坏。碎片尺寸比在稳定破坏时的碎片大。失效开始时载荷上升，随后发生相对于平均载荷的上下波动。平均载荷位于稳定破坏和非稳定破坏平均载荷之间。

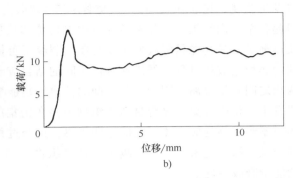

a)　　　　　　　　　　　　　　b)

图 6-3　蜂巢结构的稳定破坏模式及载荷-位移曲线

a）稳定破坏模式　b）载荷-位移曲线

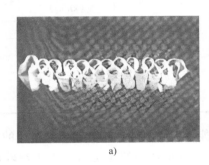
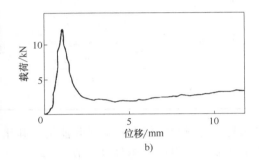

a)　　　　　　　　　　　　　　b)

图 6-4　蜂巢结构的非稳定破坏模式及载荷-位移曲线

a）非稳定破坏模式　b）载荷-位移曲线

4. 巢室管内径和壁厚对能量吸收的影响

巢室管壁厚不变时，随着巢室管内径的增加，比吸收能量降低。巢室管内径不变时，随着巢室管壁厚的增加，比吸收能量增加。当巢室管壁厚与巢室管内径的比值增加时，比能量吸收增加。高比值时，增加趋势减小，这表明吸收的能量有一个极限值。破坏失效形式（稳定的或非稳定的）高度依赖于巢室管壁厚与巢室管内径的比值。巢室管内径为 11.2mm 的所有试样都以非稳定形式破坏，巢室管内径为 4.2mm 时均为稳定破坏。这表明存在一个巢室管壁厚与巢室管内径的比值作为稳定与非稳定破坏的分界线，而分界线依赖于材料类型和纤维结构。但是巢室管壁厚 0.3mm 和巢室管直径 6.2mm 的试样，经常以混合形式破坏。

5. 试验速度对能量吸收的影响

在临界纵横比之上时，蜂巢状结构的比能量吸收基本不随试验速度而变化。对于巢室管内径为 6.2mm 和巢室管壁厚为 0.4mm 的蜂巢状复合材料，其临界纵横比值处在导致稳定破坏的纵横比范围之内。试验速度由 3mm/s 变为 1mm/s 时，发生稳定破坏，几乎没有引起吸收能量的变化。高试验速度增加了非稳定破坏的机会。当非稳定破坏发生时，比能量吸收相应降低。当巢室管壁厚在 0.9mm 以上时，在高试验速度情况下，非稳定破坏会被消除。

6. 纤维取向对能量吸收的影响

在蜂巢结构中纤维 45°/45°取向与 0°/90°取向相比，能量吸收特性较差。因为 0°/90°取向试样沿纤维轴向施加载荷，阻力更大。当 0°/90°取向与 45°/45°取向相结合时，比能量吸收将发生改变，见表 6-1。对具有交替 45°/45° 取向与 0°/90° 取向的蜂巢结构施加压力，可能引起各个取向纤维之间相互转动发生剪切位移或层间开裂，促进了结构的能量吸收能力。裂纹逐渐扩展是高能量吸收的主要机制，裂纹不可控地迅速扩展过程是一个具有低能量吸收特征的非稳定破坏过程。纤维和基体之间的结合应当足够高，以防止裂纹扩展，但是不能阻止两相之间发生分离，因为两相之间的分离也是能量吸收机制。高 t/D 比值有利于稳定破坏模式发生。仿生蜂巢状复合材料的织物中存在密集的经丝和纬丝，可有效地阻止裂纹扩展，直到积累到足够的应力才能突破这些障碍，这个过程的反复进行增加了能量吸收。因此，织物的经丝、纬丝越密、交叉点越多（如平织物），越有利于阻止裂纹扩展，越能增加复合材料的能量吸收性能。

表 6-1　蜂巢结构复合材料中纤维取向分布对能量吸收性能的影响

巢室管内径/ mm	巢室管壁厚/ mm	纤维取向	试验速度/(m/s)	比能量吸收/ (kJ/kg)	载荷均匀性
6.2	0.9	3×(0°/90°)	$1.6×10^{-4}$	80.7	1.30
6.2	0.9	0°/90°/45°/45°/90°/0°	$1.6×10^{-4}$	97.9	1.11
6.2	1.5	5×(0°/90°)	$3.3×10^{-5}$	103.0	1.01
6.2	1.5	0°/90°/45°/45°/90°/0°/ 45°/45°/90°/0°	$8.3×10^{-4}$	104.4	1.02

蜂巢状复合材料结构能有效地吸收能量，其比能量吸收值超过具有相当纵横比的复合圆柱管。蜂巢状复合材料的卓越性能，在于每一个巢室管都从相邻巢室管获得了额外的稳定性，以及碎片包含在巢室管中心产生了更稳定和更耐压的结构。此外，蜂巢状复合材料的结构及制造方式使它比复合圆柱管有明显的优越性。

6.2　仿生表面材料

超疏水性表面是指与水的接触角大于 150° 的表面。对于与水和油的接触角都大于 150° 的表面为超双疏表面。这类材料在工农业生产上和人们的日常生活中都有着非常广阔的应用前景。超疏水界面材料用在室外天线上可以防积雪，从而保证信号接收；超双疏界面材料可涂在轮船的外壳、燃料储备箱上，达到防污、防腐的效果；用于石油管道中可以防止石油对管道壁的黏附，减少运输过程中的损耗及能量消耗，并防止管道堵塞。

固体表面的浸润性是由表面化学组成与表面粗糙度决定的。依据 Wenzel 和 Cassie 对粗糙表面的浸润性研究结果，超疏水性表面可以通过两种方法制备：一种是利用疏水材料来构筑表面粗糙结构；另一种是在粗糙表面上修饰低表面能的物质。制备超疏水性表面的重点是有效构筑粗糙表面结构及进行表面化学修饰。下面介绍几种典型的超疏水表面制备方法。

1. 超疏水表面异相成核法

首先合成蜡状物质烷基正乙烯酮二聚体（Alkyl Ketene Dimmer，AKD），将 AKD 置于玻璃片上熔化，然后冷却固化得到具有分形结构的超疏水表面，与水的接触角为 174°（图 6-5）。同时生成的水解产物二烷基铜（Dialkyl Ketone，DAK）不会影响到表面的超疏水性。水滴在这种表面上很容易滚动，稍微倾斜基底，水滴立即滚落而不在表面留下任何痕迹。

a) b)

图 6-5 AKD 超疏水表面 SEM 图和水滴在 AKD 分形表面形貌

a) AKD 超疏水表面 b) 水滴在 AKD 分形表面

2. 等离子体处理法

利用等离子体处理表面是获得粗糙结构的有效方法，已经被广泛应用于超疏水表面的制备。例如，利用等离子体聚合法在光滑聚对苯二甲酸乙酯（PET）表面上制备出了 2，2，3，3，4，4，4 七氟丙烯酸酯（HFBA）超疏水薄膜，与水的接触角（前进角/后退角）为 $\theta_A/\theta_R = 174°/173°$；在聚四氟乙烯（PTFE）存在下，用射频等离子体刻蚀聚丙烯（PP）制备粗糙表面时，随着刻蚀时间的增加，表面粗糙度变大，表面与水的接触角最大可以达到 $\theta_A/\theta_R = 172°/169°$。等离子体聚合的四氟乙烯薄膜与水的接触角为 165° ~ 170°；氧等离子体处理 PTFE 膜与水的接触角为 170°/160°，水滴在这种表面上很容易滚动。在 CH_4 与 C_4F_8 混合气体中利用等离子体聚合氟碳物（PPFC）可得到超疏水性薄膜。利用等离子体聚合烯丙基五氟化苯（APFB）并沉积在氩等离子体预处理的聚酰亚胺（PI）表面上，形成了接触角为 174°/135° 的超疏水薄膜。通过持续微波等离子体聚合的方法，可制得超疏水性聚合物纳米球；利用等离子体对聚丁二烯薄膜进行氟化处理，也可以得到超疏水性表面。通过射频等离子体辉光放电在硅基底上沉积氟碳化合物，能得到具有带状结构的超疏水薄膜。

3. 刻蚀法

利用光刻蚀的方法可制备出一系列具有不同尺寸及图案阵列结构的硅表面（图 6-6）。然后用硅烷化试剂进行疏水处理即可得到超疏水表面。当边长及柱间距为 2μm 及 32μm 时表现为超疏水性。接触角与柱的高度（20 ~ 140μm）及表面化学组成（分别考查了硅氧烷、烷烃、氟化物修饰的表面）无关。当柱边长及柱间距为 64μm 及 128μm 时，表面不具有超疏水性，水滴会滞留在表面上且被挤到柱子中间。增大柱间距会使后退角增加直至水进入柱间距位置，这是由于三相接触线的长度变小所致。将柱的形状由正方形变成交错的菱形、星

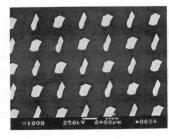

图 6-6 具有不同几何性质的刻蚀表面的 SEM 照片

139

形或锯齿状正方形，也会由于接触线的弯曲而使后退角增大。在正方柱表面可以产生超疏水性的最大粗糙度近似为 32μm。除以上光刻蚀方法外，机械刻蚀、模板刻蚀法也被用来制备超疏水表面。

4. 电化学法

电纺技术是一种常见的构建粗糙结构表面的方法。例如，以廉价的聚苯乙烯（PS）为原料，能制备一种具有多孔微球与纳米纤维复合结构的超疏水薄膜（图 6-7）。多孔微球对薄膜的超疏水性起主要作用。纳米纤维则交织成一个三维的网络骨架，增强了薄膜的稳定性。利用电纺技术，还可以得到在全 pH 值范围内兼具超疏水性及导电性的稳定聚合物薄膜。由于超疏水表面很容易产生表面静电荷的聚集，导致其在干燥环境中发生火灾或爆炸而限制了其应用。而这种稳定的导电性聚合物薄膜，则使得超疏水表面在诸多领域得以有效的应用。另外，将磁性氧化铁纳米粒子填充到碳纳米纤维中，可以得到兼具导电性及磁性的超疏水薄膜。

图 6-7　利用电纺技术得到的复合结构 PS 薄膜

利用电化学方法制备的针状阵列导电聚吡咯薄膜表现出优异的环境稳定的超疏水性，即经过热处理和有机溶剂处理后都能够保持稳定的超疏水性。利用过电位电化学沉积法在导电玻璃 ITO 上制备的具有粗糙结构的氧化锌（ZnO）薄膜，经过低表面能物质氟硅烷修饰后具有超疏水性，与水的接触角为 152.0°。利用电流同时原子力显微镜观测了薄膜表面的电学特征表明，所制备的 ZnO 薄膜是半导体。利用 Cu 或 Cu-Sn 合金与硫蒸气进行电化学反应，在不锈钢基底上形成微米-纳米复合结构，再利用氟硅烷进行处理也可以得到超疏水性表面。

5. 模板挤压法

模板挤压法构筑粗糙结构表面就是以多孔氧化铝为模板，在一定压力的作用下，将一定浓度的聚合物溶液挤出并干燥，制得聚合物纳米纤维阵列体系。首先，选择具有疏水性的聚丙烯腈为前驱物（平滑膜表面的接触角为 100.8°），利用模板挤压法制得阵列聚丙烯腈纳米纤维，其表面不经过任何修饰就具有超疏水性，与水的接触角可以高达 173.8°。另外，以亲水性聚合物聚乙烯醇为前驱物，利用同样方法得到的阵列聚乙烯醇纳米纤维，其表面同样具有超疏水性，如图 6-8 所示。这是因为在挤压形成纳米结构的过程中，表面分子发生了重排，同时伴随着氢键的缔合。由于空气是疏水介质，因此形成了表面疏水基团向外、氢键向内的结构，使表面能降低。变角 X 射线光电子能谱证实了以上推论的正确性。将制得的纳米结构阵列聚丙烯腈纤维热解，可以得到在全 pH 范围内都具有超疏水性质的阵列碳纳米纤维，即具有阵列纳米结构的碳纤维表面，在没有任何低表面能物质修饰时，不仅与纯水的接触角大于 150°，而且与腐蚀性液体酸及碱的接触角也大于 150°。

图 6-8 模板挤压法制备的聚乙烯醇纳米纤维

a）侧面的 SEM 照片 b）水滴在纤维表面的形貌图

6. 自组装技术

利用自组装技术可以得到机械自组装单层膜（Mechanically Assembled Monolayers，MAMs）。首先用紫外线和臭氧处理聚二甲基硅氧烷（PDMS）形成羟基-硅基底，然后在表面接枝上半含氟物质，形成稳定的超疏水性聚合物表面，如图 6-9 所示。

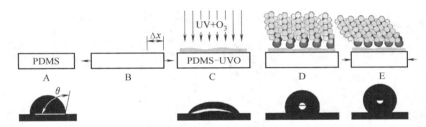

图 6-9 超疏水性机械自组装单层膜的制备过程

利用交替沉积组装的方法在 ITO 电极上形成聚电解质多层膜，然后再用电化学沉积在其上生长树枝状金纳米簇（图 6-10），在金纳米簇上化学吸附十二烷基硫醇，自组装成单层超

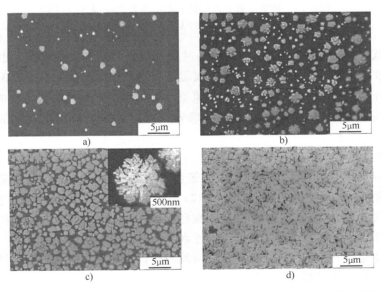

图 6-10 在修饰了聚电解质多层膜的 ITO 电极上利用电化学沉积树枝状金纳米簇的 SEM 照片

a）2s b）50s c）200s d）800s

疏水性膜。修饰后的金纳米簇薄膜表面的接触角随着电化学沉积时间的改变而发生明显的变化。接触角随沉积时间增大而增大，当沉积时间超过 1000s 时，接触角趋于恒定值 156°。在空气中放置 40min 后，膜表面的接触角会从 156°变化到 173°，一方面是由于水分的蒸发及重力的减小使水滴发生了收缩，另一方面也说明用这种方法组装的超疏水性表面非常的稳定。

7. 溶剂-非溶剂法

溶剂-非溶剂法是一种简单的构筑具有粗糙结构的超疏水表面的方法。以廉价易得的聚丙烯为原料，以对二甲苯为溶剂分别以甲乙酮、环己酮、异丙醇为非溶剂，通过真空加热在不同基底（如玻璃、铝箔、不锈钢板、特氟龙、高密度聚乙烯及聚丙烯）上可制得具有类凝胶状的多孔结构薄膜（图 6-11）。具体制备过程为：首先将聚丙烯溶解在溶剂与非溶剂的混合溶剂（按一定比例）中，在基底上滴加数滴聚丙烯溶液，然后在一定温度下使溶剂蒸发，即可形成白色类凝胶状多孔结构薄膜。聚合物浓度、成膜温度，以及非溶剂的选择对膜表面的粗糙度都有一定的影响。

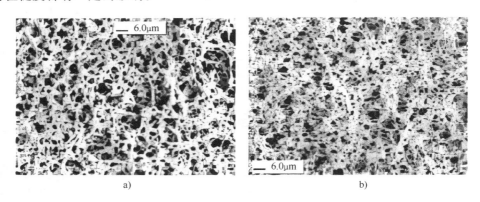

a)   b)

图 6-11　玻璃表面上形成的孔状结构聚丙烯膜 SEM 图
a）溶剂蒸发温度为 30℃　b）溶剂蒸发温度为 60℃

通过控制低密度聚乙烯（LDPE）的结晶过程及调整结晶与成核速度，也可制备具有不同结构及疏水性的 LDPE 表面，减小溶剂蒸发温度可以增加结晶时间及成核速度，使接触角变大。当添加环己酮为非溶剂时，在室温下真空干燥可以得到具有花状结构的 LDPE 超疏水表面，与水的接触角为 173.0°。另外，在玻璃表面也能制备微米-纳米双重结构的聚氯乙烯超疏水薄膜。

8. 直接成膜法

用聚丙烯-b-聚甲基丙烯酸甲酯两嵌段共聚物作为成膜物质，用直接成膜法得到了具有三维微纳米复合结构的聚合物表面，如图 6-12a 所示。利用两嵌段共聚物在选择性溶剂中溶解性不同而得到多分子胶束溶液，单一胶束粒径在 50~200nm 之间。在溶剂挥发过程中，胶束彼此间聚集以减小体系的表面能，形成尺寸在 1~2μm 的球形胶束团聚体，每个团聚体的表面为多纳米级的单个多分子胶束所覆盖，构筑的聚合物涂层表面具有自清洁性，水滴的接触角为 60.5°±2.1°，滚动角为 9°±2.1°。

一种在室温下简单有效的形貌生成技术，可用来构筑稳定的仿生超疏水表面。以铜为例，首先将铜片浸泡在适当浓度及适当链长的脂肪酸（如十四酸）溶液中，铜表面将形成一层微米-纳米复合结构的铜脂肪酸盐。在浸泡过程中，铜表面先形成零星的小的纳米片和簇。随时间的增加，纳米片和簇逐渐长大，密度增加，最后形成一种稳定的薄膜覆盖整个表面，如图6-12b所示。这种超疏水表面具有良好的环境稳定性及耐溶剂性。

图 6-12　仿生聚合物 PP/PMMA 表面与铜脂肪酸盐表面
a）仿生聚合物 PP/PMMA 表面　b）铜脂肪酸盐表面

6.3　仿生摩擦材料

6.3.1　木材模板法制成生物形态陶瓷

生物模板法（Biotemplating）是一种将生物体材料转变为合成材料的仿生技术。木材作为一种天然的高分子复合材料具有复杂的、各向异性的多级孔结构，突出特点是具有沿木材轴向取向的管状细胞，为利用各种渗入技术将木材制成具有所需结构和功能的材料提供了可能。

目前，以木材为模板，设计和制备具有木材结构并赋予其新功能的新颖仿生陶瓷及其复合材料，即生物形态（Biomorphous）陶瓷，也称作仿生陶瓷，已成为制备仿生多孔陶瓷或复合材料的一种先进概念，受到广泛的关注。木材特殊的孔结构是传统工艺技术不可能制成的。

以木材为模板制备仿生材料具有许多优点，如原料来源广泛、价格低廉、结构多样，具有多级有序的孔结构、显微结构和力学性能呈现各向异性，能实现近净尺寸成型，可制备复杂形状制品，以及制得的陶瓷材料能完整保持木材的多级孔结构，具有轻质、高温下力学性能好、热导率高、抗氧化、抗腐蚀等性能。由木材制备的蜂窝状陶瓷，孔径呈单蜂孔或多峰孔分布，在高温气体过滤器、催化剂载体、热防护体系，以及新型微反应器和固定化细胞、微生物或酶的载体材料等领域具有广阔的应用前景。

目前已发展了熔融反应性渗入法、气相反应性渗入法、溶胶-凝胶/模板去除法、溶胶-凝胶/碳热还原法等工艺方法，下面对其分别做以介绍。

1. 熔融反应性渗入法

木材的主要成分是纤维素、半纤维素和木质素等，其碳元素质量分数约为50%，炭化后为多孔炭。因此，利用木材为模板制备碳化物陶瓷及其复合材料是最具有现实意义的。由于SiC具有高温力学性能好、导热性好、抗氧化性和抗腐蚀性好等优异性能，自1997年开始，利用液相Si向木炭中反应性渗入制备Si-SiC陶瓷的研究就一直受到较大关注。其一般制备过程为：首先将木材在真空或惰性气氛下炭化生成木炭，然后在1500~1650℃真空（或惰性气氛）下进行熔融Si（或其合金）的反应性渗入，得到SiC基复合材料。以木炭为模板制备SiC具有三个主要优点：①成本低，工艺温度低；②快速，反应时间短；③近净尺寸成形，可制成复杂形状。由于木材本身结构的多样性，造成Si/SiC材料结构和性能有很大差异。

以木炭为模板制成的SiC基复合材料的力学性能主要取决于木材的种类、气孔率和熔融渗入的元素种类等。如孔隙率为20%~30%的Si-SiC陶瓷，其四点抗弯强度为150~200MPa。由松木制成的致密Si-SiC复合材料的抗弯强度为100~300MPa，约为木炭的10倍。而将共熔的Si-Mo渗入山毛榉和松木炭中制成的Si-MoC陶瓷复合材料，其室温强度分别为138MPa和160MPa。

熔融反应性渗入法制成的SiC-Si复合材料不仅具有优异的室温力学性能，而且具有良好的高温性能。例如，由桉树制成的SiC-Si复合材料其室温弹性模量、抗压强度和抗弯强度分别为170GPa、1400MPa和300MPa。其中，弹性模量在1000℃高温时没有下降，而抗弯强度在1350℃以下不受温度变化的影响，其原因是复合材料中呈三维网络结构的SiC起着承载作用。然而，在高温下由于残余的碳氧化形成空洞降低了接触面积，扩展了内部裂纹，以及发生Si的软化现象，致使抗压强度出现快速下降的现象。同时Si的塑性变形使断裂韧性从室温时的2.7MPa·m$^{1/2}$提高到1350℃时的5MPa·m$^{1/2}$。

2. 气相反应性渗入法

木材结构仿生陶瓷材料最具有意义之处是怎样将模板木炭转变为高度遗传木材显微结构的多孔陶瓷。利用气相反应性渗入法制备木材形态的多孔陶瓷，不仅可保留木材的多级孔结构和高的孔隙率，而且产物为单一相陶瓷。其中，制备多孔SiC的研究最多，主要是将含Si的气相反应物向木炭中反应性渗入，制得严格保持木材显微结构的多孔SiC。气相反应性渗入法制备木材结构仿生SiC的一般过程为：经过干燥的木材经高温真空炭化，制成多孔的生物碳模板（木炭）；随后在真空或惰性气氛保护下，将含Si气体（g）渗入木炭中反应一段时间，生成多孔SiC。以气相Si渗入为例，实验装置示意图如图6-13所示。

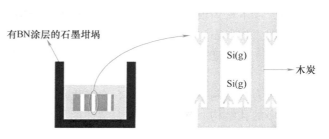

图6-13　气相Si渗入的实验装置示意图

3. 溶胶-凝胶/模板去除法

溶胶-凝胶/模板去除法主要用于生物形态氧化物陶瓷的制备，基本过程是：将溶胶经真空/压力或超声振荡法浸渍模板木材或木炭，或者先将能形成溶胶的前驱体浸入木材再水解为溶胶，经溶胶-凝胶转变后在空气中以 1500~1600℃ 烧结去除模板，得到相应结构的氧化物陶瓷。其中，真空/压力浸渍工艺的示意图如图 6-14 所示。首先将含有木炭试样的溶胶置于浸渍罐中，用真空泵抽至真空状态保持 2h 以上，使木炭中的气体尽可能完全排出。然后将浸渍罐内的压力升至 1MPa 的高压维持一定时间，使溶胶充分进入模板中。常用前驱体有 $ZrOCl_2$、锆酸正丙酯、钛酸异丙酯、钛酸正丁酯和异丁铝等，它们分别形成 ZrO_2 溶胶、TiO_2 溶胶和 Al_2O_3 溶胶。以其为浸渍剂，最终可得到具有木材结构形态的 ZrO_2、TiO_2 和 Al_2O_3 多孔陶瓷。浸渍前驱体后，如果不在空气中煅烧而是在真空或惰性气体中烧结，则可制成碳化物陶瓷。

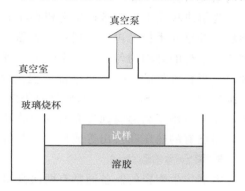

图 6-14 真空/压力浸渍工艺示意图

4. 溶胶-凝胶/碳热还原法

溶胶-凝胶/碳热还原法不仅具有工艺简单、制备条件温和、产物纯度高、均匀性好、反应温度相对较低，以及经济性好等优点，而且能很好地保持碳质模板的形貌和结构，已成为制备木材结构仿生陶瓷的主要方法之一。

图 6-15 给出了椴木、松木和山毛榉木炭经 SiO_2 溶胶-凝胶/碳热还原法制备 SiC 过程的 SEM 照片。经碳热还原反应后，完整地保持了木材的多孔结构。其中，SiC 骨架的厚度和密

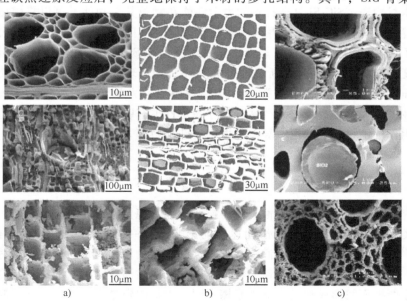

图 6-15 木炭经 SiO_2 溶胶-凝胶/碳热还原法制备 SiC 过程 SEM 照片

a）椴木 b）松木 c）山毛榉

145

度与浸渍的 SiO_2 含量有密切关系。一般情况下，SiO_2 量增加，管状孔孔壁变薄，密度下降。通过调整浸渍工艺可以控制木炭-SiO_2 复合材料中 SiO_2 的含量，其密度随浸渍循环次数的增多而增大。例如，木炭的密度为 $0.32g/cm^3$，经 5 个浸渍循环后，形成的木炭-SiO_2 复合材料的密度可达 $1.46g/cm^3$。

为解决块状木材制备仿生陶瓷存在的强度低、各向异性收缩显著等问题，可将木材制成颗粒、纤维和木粉，再经排列和树脂黏结，经热压固化制成所谓的"工程化木材"，以提高陶瓷化木材的结构均匀性和力学性能，进而可根据需要的孔隙率、孔径大小和颗粒形状，实现对工程化木材的剪裁。通过将工程化木材炭化，用 SiO_2 溶胶浸渍，经碳热还原反应制成二维均匀的多孔 SiC，其中木质材料仍然保持其特有的孔结构。这种方法可制成窄孔径分布的产品，可用于高温腐蚀性介质的过滤和制备轻质金属复合材料，并且成本低、易于成形，可利用已有的热压和挤出等成形方法制备产品，利于规模化生产。

5. 聚合物前驱体法

木材仿生陶瓷的制备通常有两次高温过程，即木材裂解成木炭和伴有反应的高温渗入过程。而利用有机硅高分子渗入木材只需一次高温处理就可转变为陶瓷材料。如将有机硅聚合物——聚甲基苯基乙烯基硅倍半氧烷和聚甲基氢硅氧烷（PMHS）真空浸渍松木，经固化成为木材-聚硅氧烷杂化材料，在惰性气氛中热解后，有机硅聚合物转变为无定形的 SiOC 相，得到轻质、微孔的 SiOC-C 陶瓷复合材料。由于 PMHS 中的 Si—H 基团会与木材中纤维素和木质素分子上的—OH 基团发生化学反应形成 SiO 酯键，使木材和有机硅聚合物间的界面结合非常牢固，可显著降低木材热解过程中的收缩率和重量损失。

6.3.2 生物形态的陶瓷-金属复合材料

为提高木材陶瓷、SiC-Si 复合材料的力学性能和赋予其新功能，可以将熔融的金属 Al、Mg 或其合金注入它们的空隙中，得到陶瓷-金属复合材料。若再用熔融渗 Si 法制成藤结构 SiC-Si 后，再用高压熔融渗入 Al-Si 合金，得到组成为 Si-SiC-Al-Si 的陶瓷-金属复合材料，其平均抗弯强度为 200MPa，而且在断裂过程中，Al-Si 相呈现拔出和桥接状态，使该材料不致发生破坏。而木材陶瓷制成木材陶瓷-金属复合材料后，力学性能、硬度、导热性能、耐磨性、冲击韧性得到大幅度提高，耐久性、尺寸稳定性也有明显改善。由于其独特的导热性和耐磨性，可用作轴承材料、阻尼、导电和电磁屏蔽材料等。

6.3.3 耐磨材料

木材陶瓷具有独特的摩擦学特性，其摩擦系数通常稳定在 0.1~0.15 之间，几乎不受对磨材料的种类、粗糙度、润滑剂和滑动速度的影响；在一定的接触压力范围内，磨损率很低，不到 $10^{-8}mm^3/(N\cdot m)$。在油润滑条件下，随载荷的增加，木材陶瓷的摩擦系数、磨损率逐渐降低。木材陶瓷的多孔结构使润滑油难以形成明显油膜，润滑油主要起冷却作用，这与金属材料靠摩擦面间形成油膜来减小摩擦不同，木材陶瓷是靠它所含的软石墨相良好的自润滑作用来减小摩擦的。有研究表明，木材陶瓷在滑移线速度和载荷分别为 1.0~19.0m/s 和 98~294N、油润滑条件下的摩擦系数和磨损率分别为 0.12 和 $(0.5~2)\times10^{-6}mm^3/(N\cdot m)$。另外，木材陶瓷的气孔率为传统含油轴承的 2 倍，有望用作含油轴承。目前，已有木材陶瓷在制动装置和无心磨床上的应用研究。

木材陶瓷经熔融渗金属以后制成木材陶瓷-金属复合材料，其摩擦学性质较相应的金属有很大改善。如通过将熔融 Si-Al 合金渗入由中密度板制成的木材陶瓷中，可制成木材陶瓷-Al-Si 复合材料。对其干态滑动摩擦和磨损行为的研究表明，其摩擦系数和磨损率分别比 Si-Al 合金下降 30% ~ 50% 和约 20%，就是因为在摩擦表面形成了宽而密实的碳膜。在载荷增加过程中，木材陶瓷-Al-Si 复合材料的磨损机理从磨料磨损转变为磨料磨损和黏附磨损的共同作用，而 Al-Si 合金则从轻微黏附磨损发展为严重磨损，其磨损面的形貌如图 6-16 所示。此外，木炭-Al 合金也具有相似的摩擦磨损行为。

a)   b)

图 6-16 Al-Si 合金和木材陶瓷-Al-Si 复合材料磨损面 SEM 图

a）Al-Si 合金 b）木材陶瓷-Al-Si 复合材料

6.4 仿生驱动材料

对由于温度、电场或磁场等外界环境条件或内部状态发生的变化，智能驱动材料具有产生形状、刚度、位置、固有频率、湿度或其他机械特性响应或驱动的能力。目前常用的智能驱动材料主要有形状记忆合金、压电材料、电致伸缩材料、磁致伸缩材料、电流变体、磁流变体和功能凝胶等。这些材料可根据温度、电场或磁场的变化而自动改变其形状、尺寸、刚度、振动频率、阻尼、内耗及其他一些机械特性，因而可根据不同需要选择其中的某些材料制作各种执行元件或驱动元件。

智能材料功能的实现为信息流（能量流）的传递、转换和控制。其基本原理是物质和场（物理场或化学场）之间的交互作用。设计过程中，首先明确材料的应用目标，随之分析控制目标的具体要求，确定智能复合材料控制输入和输出的形式（表现为物理场或化学场），这里最关键的问题是为了实现系统的自适应控制，必须运用材料科学的成就和知识及自动控制原理，根据物、场相互作用的原则，构想中间能量传递形式，选择中间场。借助于中间场，通过几个物理（化学）效应的结合来实现控制目标。

6.4.1 形状记忆材料

这种材料包括形状记忆合金、记忆陶瓷，以及聚氨基甲酸乙酯等形状记忆聚合物。它们在特定温度下发生热弹性（或应力诱发）马氏体相变或玻璃化转变，能记忆特定的形状，且电阻、弹性模量、内耗等发生显著变化。NiTi 形状记忆合金的电阻率高，因此可用电能（通电）使其产生机械运动。与其他执行材料相比，NiTi 形状记忆合金的输出应变很大，达 8% 左右，同时在约束条件下，也可输出较大的恢复力。它们是典型的执行器材料。由于其冷热循环周期长，响应速度慢，只能在低频状态下使用。

1. 形状记忆合金

一般材料的马氏体相变过程是：马氏体形核后以极快的速度长大到一定尺寸就不再长大，转变的继续进行不是依靠已有马氏体的进一步长大，而是依靠新的马氏体形核长大。金属的马氏体相变中，根据马氏体相变和逆相变的温度滞后大小和马氏体的长大方式，大致可以分为非热弹性马氏体相变（General Martensitic Transformation）和热弹性马氏体相变（T-her-malelastic Martensitic Transformation）。形状记忆合金（Shape Memory Alloys，SMA）中的马氏体可以随温度的降低而长大，随温度的升高而缩小，这种随温度变化而发生变化的马氏体称为热弹性马氏体。

形状记忆合金在冷却、加热过程中的马氏体可逆相变如图 6-17 所示。合金冷却过程中，发生母相向马氏体转变，一般表示为 P ——→ M，P 表示母相（Parent），M 表示马氏体（Martensite）。马氏体相变的起始温度、终止温度分别用 M_s、M_f 表示。处于马氏体状态的合金在加热过程中，发生马氏体向母相逆相变，一般表示为 M ——→P，马氏体向母相逆相变的起始点和终止点分别用 A_s、A_f 表示。形状记忆合金的相变点主要由合金成分和热处理工艺控制，NiTi

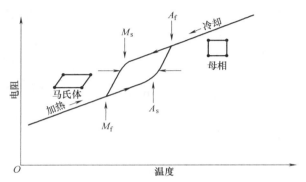

图 6-17　形状记忆合金在冷却、加热过程中的
马氏体可逆相变曲线

合金的相变点根据化学成分和热处理工艺不同，大约在 $-100 \sim 100℃$ 之间变化。

普通金属材料拉伸过程中，当外应力超过弹性极限后，材料发生塑性应变，外应力去除后，塑性应变不能恢复，发生永久变形，如图 6-18a 所示。形状记忆合金的特点是具有形状记忆效应（Shape Memory Effect），即这种材料在外应力作用下产生一定限度的应变后，去除应力，应变不能完全恢复（弹性部分恢复），在随后加热过程中，当超过马氏体相消失的温度时，材料能完全恢复到变形前的形状，如图 6-18b 所示。

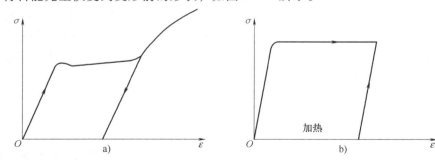

图 6-18　普通金属材料 $\sigma\text{-}\varepsilon$ 曲线示意图和形状记忆效应示意图
a）普通金属材料 $\sigma\text{-}\varepsilon$ 曲线示意图　b）形状记忆效应示意图

如果从变形温度少许加热，就可以恢复到高温下所固有的形状，随后进行冷却或加热形状不变，仿佛合金记住了高温状态所赋予的变形一样，称为单程形状记忆（One-way Shape

Memory Effect）。如果对材料进行特殊的时效处理，在随后的加热和冷却循环中，能够重复地记住高温状态和低温状态的两种形状，则称为双程形状记忆（Two-way Shape Memory Effect）。当然，也有些合金在实现双程记忆的同时，继续冷却到更低温度，可以出现与高温时完全相反的形状，称为全方位形状记忆（All Round Shape Memory Effect）。这些现象的出现都是由于材料经历热弹性马氏体相变而引起的。

2. 形状记忆聚合物

形状记忆聚合物（Shape Memory Polymers，SMPs）作为一类刺激响应性智能材料，具有在一定的外力和环境条件下固定暂时形状，并能在特定的外部刺激（如：热、光、电、磁等）下恢复到原始形状的能力。形状记忆聚合物根据其材料恢复原理可分为：热致感应型 SMP、电致感应型 SMP、光致感应型 SMP、化学感应型 SMP 等。其中热致感应型 SMP 是指在室温以上一定温度变形并能在室温固定形变且长期存放，当再升温至某一特定响应温度时，制件能很快恢复初始形状的聚合物。由于其形变采用温度控制，使用简便，因此对其研究和开发也最为活跃。

SMP 的形状记忆功能主要来源于材料内部存在不完全相容的两相——保持成型品形状的固定相和随温度变化会发生软化-硬化可逆变化的可逆相。可逆相可为熔点（T_m）较低的结晶态或玻璃化转变温度（T_g）较低的玻璃态，具有物理交联结构。而固定相可以具有物理交联结构（如 T_m 或 T_g 较高的一相在较低温度时形成的分子缠绕），也可以具有化学交联结构。具有物理交联结构固定相的聚合物称为热塑性 SMP，具有化学交联结构固定相的则称为热固性 SMP。固定相和可逆相具有不同的软化温度（分别标识为 T_h 和 T_s），在一次成型过程中，将材料加热到 T_h 以上，此时固定相和可逆相均处于软化状态，塑形后将其冷却到 T_s 以下，固定相和可逆相先后硬化，材料成型。二次成型则是将成型材料加热至可逆相的软化温度（$T_s<T<T_h$）时，可逆相软化可做成任意的第二种形状，保持应力并冷却固定就得到新的形状。如果再次加热至适当的温度，使可逆相软化，固定相在恢复应力的作用下，将使制品恢复到初始形状。

形状记忆聚合物在常温范围内应具有塑料的性质，即硬性、形状稳定性；而在一定温度下，即所谓记忆温度下，具有橡胶的特性，表现为材料的可变形性和形状恢复性。为此，不同类型的聚合物要具有形状记忆效应，结构上会有不同的特点。

1）结晶型聚合物要求适度结晶，如聚氨酯，否则结晶度过高不可能产生形状记忆功能。

2）对无定形聚合物，当其相对分子质量足够大，大分子之间的缠绕足够紧密，在温度大于 T_g 接近 T_f 时，缠绕点也不会因松弛而解除。

3）结构较对称并适度交联的聚合物，如反式 1,4-聚异戊二烯。

4）微相分离明显且两相 T_g 相差较大的无定形聚合物，如丁二烯苯乙烯共聚物。

另外，作为形状记忆材料，需要有较好的实用性，二次成型要容易，且不能影响记忆的准确性，即可逆相的 T_g 不能太高或太低；可逆相的形变温度与固定相的软化温度不能太接近。

根据固定相的结构特征，SMP 分为热固性 SMP 和热塑性 SMP 两类。使用化学交联法来制备热固性形状记忆高分子产品时，应注意避免产品成型前就发生交联，因为高的交联度会使材料变得难以加工。因此，实践中常采用两步法或多步法技术，交联反应往往被安排在产品定形的最后一道工序，采用辐射或高温的方法进行。物理交联热塑性 SMP 实质上是由 T_m 或 T_g 较高的相态 1 和 T_m 或 T_g 较低的相态 2 构成，相态 1 在其转变温度下形成分子缠绕的物理交联结构，从而也可发生熵弹性形变，恢复初始形状。与交联网不同的是缠结中心可以滑移，当发生大形变时，经一定时间后，这种缠结便会由于链的滑移，以及分子链的断裂而减少到可以忽略不计的程度。但是，热塑性聚合物的制备显得尤为方便，更易控制反应温度和改进加工条件。

6.4.2 智能高分子材料

智能高分子材料能够对环境刺激产生响应。其中环境刺激因素有温度、pH 值、离子、电场、溶剂、反应物、光、应力、磁场等，对这些刺激产生有效响应的智能高分子的自身性质如相、形状、光学、力学、电场、表面能、反应速率、渗透速率和识别性能等随之会发生变化。

1. 高分子凝胶

高分子凝胶是大分子链经交联聚合而成的三维网络或互穿网络与溶剂（通常是水）组成的体系。当环境的 pH 值、离子含量、温度、光照、电场或特定化学物质发生变化时，凝胶的体积也发生变化，有时还出现相转变、网络孔眼（网孔）增大、网络失去弹性、凝胶相区不复存在、体积急剧溶胀（高达数百倍）等变化，并且这种变化是可逆的、不连续的。凝胶的收缩-溶胀循环过程适用于化学阀、吸附分离、传感器和记忆材料等。循环提供的动力可应用为"化学发动机"或"人工肌肉"，网孔的网控性适用于蛋白质和肉类片剂药物的智能性药物释放体系（DDS）和人工角膜。目前研究较多的智能 DDS 是响应血糖含量的胰岛素释放体系，癌细胞的智能 DDS 也逐渐成为研究热点。研究最多的刺激响应性聚合物是智能凝胶。

高分子凝胶的溶胀过程，实际上是两种相反趋势的平衡过程：溶剂力图渗入网络内使体积膨胀，导致三维分子网络伸展；同时，交联点之间分子链的伸展降低了高聚物的构象熵值，分子网络有弹性收缩力，力图使分子网络收缩。当这两种相反的倾向相互抵消时，就达到溶胀平衡。研究表明，渗透压是凝胶溶胀的推动力。

凝胶的体积相转变是凝胶的体积随外界环境因子变化产生不连续变化的现象。凝胶相转变可以由溶胀相转为收缩相，也可以由收缩相转为溶胀相。转变开始是连续的，但在一定条件下能产生体积变化达十倍到数千倍的不连续转变（即突变）。高分子凝胶之所以能随环境刺激因子变化而发生相转变，是因为体系内存在几种相互作用力：范德瓦尔斯力、氢键、疏水相互作用力及静电作用力。正是由于这些力相互组合和竞争使凝胶溶胀或收缩，因而产生体积相转变。

2. 液晶高分子材料

液晶高分子是介于固体结晶和液体之间的中间状态聚合物，其分子排列的有序性虽不像固体晶态那样三维有序，但也不像液体那样的无序，而是具有一定的有序性，当纺丝注射加工成型时，则分子进一步取向，这种分子取向一旦冷却即被固定下来，从而获得性能极不寻常的纤维、薄膜和塑料制品。按液晶形成条件可分为液致性和热致性；按分子排列可分为线型、层型和胆型。液晶高分子的特性是：线膨胀系数小；成型收缩率小，尺寸稳定性好；溶液、熔体黏度低；优良的耐热性；优异的耐试剂性和不加阻燃剂仍可自熄性。

当溶解在溶液中的液晶分子达到一定值时，分子在溶液中能够按一定规律有序排列，呈现部分晶体性质，此时称这一溶液体系为溶液型液晶。当溶解的是高分子液晶时称其为溶液型高分子液晶，与热熔型聚合物液晶在单一分子熔融态中分子进行一定方式的有序排列相比，溶液型液晶是液晶分子在另外一种分子体系中进行的有序排列。根据液晶分子中刚性部分在聚合物中的位置，还可以进一步将溶液型高分子液晶分为主链溶液型高分子液晶和侧链溶液型高分子液晶。为了有利于液晶相在溶液中形成，溶液型液晶分子一般都含有双亲活性结构，结构的一端呈现亲水性，另一端呈现亲油性。在溶液中当液晶分子达到一定含量时，这些液晶分子聚集成胶囊，构成油包水或水包油结构；当液晶分子含量进一步增大时，分子进一步聚集，形成排列有序的液晶结构。

作为溶液型高分子液晶，由于其结构仅仅是通过柔性主链将小分子液晶连接在一起，因此在溶液中表现出的性质与小分子液晶基本相同，也可以形成胶囊结构和液晶结构。与小分子液晶相比，高分子化的结果可能对液晶结构部分的行为造成一定影响，如改变形成的微囊的体积或形状，形成的液晶晶相也会发生某种改变。液晶分子的高分子化为液晶态的形成也提供了很多有利条件，使液晶态可以在更宽的温度和含量范围形成。

6.5 仿生摩擦材料测试实验

仿生摩擦学是运用仿生学原理，通过对生物系统的减摩、抗黏附、增摩、抗磨损及高效润滑机理的研究，从几何物理、材料等角度借鉴生物系统的成功经验和创成规律，来研究、发展和提升工程摩擦副的摩擦学性能。仿生摩擦学的系统构成分为摩擦学材料仿生和摩擦学表面形态仿生。其中摩擦学材料仿生分为仿生复合摩擦学材料、仿生涂层和仿生润滑材料；摩擦学表面形态仿生分为非光滑几何表面形态仿生、柔性非光滑仿生和仿生耐磨形态。仿生摩擦学的摩擦学功能为仿生减摩及脱附、仿生增摩及吸附、仿生耐磨和仿生润滑。下面通过仿生涂层简述仿生摩擦材料的相关测试。

1. 仿生聚有机硅氧烷-T8钢复合涂层制备

土壤黏附是一种自然现象，它对地面机械和农业耕作机具是非常有害的，如汽车、拖拉机、工程机械，以及锹、镐、锄、犁等都深受其害。轻者，增加运动阻力、增加能耗、降低工作质量和效率、加快机具损坏；重者，土壤黏附能使这些机具根本无法工作。为解决这一问题，人们进行了大量的科学研究，取得了一些可喜的研究成果，目前来看，比较有效、经济、适用的方法，就是触土部件的表面改性。土壤动物体表具有很强的减黏降阻功能，其体表具有很强的疏水性，是减黏降阻的重要原因之一。为此，人们对触土部件进行仿生表面改性，以降低水对触土部件表面的润湿性，提高触土部件对土壤的减黏降阻性能。

首先是涂层材料的选择。为模仿土壤动物体表的疏水性，所选材料表面疏水性越好，即水在其上的接触角越大，材料将越有利于减黏降阻。一般有机材料都具有低的表面能，具有较好的疏水性能，而金属材料、金属氧化物、陶瓷等无机材料的表面能都比较高，具有较强的亲水性能，不利于降低土壤黏附和土壤阻力。在条件相同时，有机高聚物与金属相比有明显的减黏降阻作用。但高聚物耐磨料磨损性能很差，远不能满足触土部件的使用要求，而金属材料一般都具有较好的耐磨性能。对触土部件进行表面改性，应使仿生功能涂层既有土壤动物体表的减黏降阻功能，又有良好的耐磨性能，这样的涂层才具有实际意义。因此，涂层材料选择了 T8 钢和聚有机硅氧烷。T8 钢是高碳钢（$w_C 0.75\% \sim 0.84\%$），具有较高的硬度，耐磨料磨损性能较好，并且该材料的线材火焰喷涂已有成熟工艺；聚有机硅氧烷具有良好的疏水性能，而且容易通过浸渍与固化相结合的方法和其他材料制成复合材料；基底材料选用了 45 钢。

聚有机硅氧烷-T8 钢复合涂层的制备过程是：用乙醇或丙酮清洗基体表面→拉毛→喷砂粗化表面→清理粗化后的表面→氧乙炔火焰喷涂 T8 钢→清理涂层表面→浸渍聚有机硅氧烷→加温固化。

2. 复合涂层的磨料磨损性能

模拟土壤条件的磨料磨损试验结果表明，与淬火低温回火 45 钢相比，仿生复合涂层的体积相对耐磨性为 63%，低于淬火低温回火 45 钢的耐磨性。因为复合涂层基体 T8 钢呈骨架状或网状，如图 6-19a 所示，其耐磨性取决于基体 T8 钢骨架对磨料磨损的抵抗能力。磨损表面的低倍形貌显示，T8 钢磨损面有擦伤划痕，如图 6-19a 所示，磨损表面的高倍形貌则有明显的犁沟和许多多边形微坑，如图 6-19b 所示，微坑前缘沿磨粒运动方向有不同程度的材料堆积，部分微坑与型沟相通，这些都说明基体 T8 钢以犁削磨损为主。淬火低温回火 45 钢的磨损表面形貌如图 6-19c 所示，类似复合涂层中 T8 钢基体的磨损形貌，这表明淬火低温回火 45 钢与复合涂层基体 T8 钢具有相同的磨损机制，即微犁削控制磨损。图 6-19a 与图 6-19d 表明，喷涂 T8 钢涂层的孔隙均匀，孔隙中充满聚有机硅氧烷，并且聚有机硅氧烷在磨粒的作用下，摩擦转移到磨损表面的 T8 基体上，使其在复合涂层表面分布更广，有利于复合涂层疏水性和减黏降阻性能的提高。

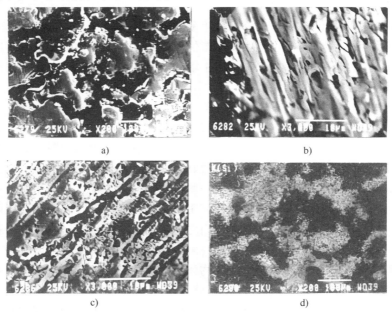

a)

b)

c)

d)

图 6-19　试样的磨损形貌（SEM）及复合涂层表面 Si 的面分布（EDX）

a）仿生复合涂层磨损表面形貌　b）图 a 中 T8 钢骨架磨损表面的高倍放大形貌

c）45 钢的磨损表面形貌　d）图 a 磨损表面上 Si 的面分布

3. 复合涂层的润湿性能

水在材料表面的润湿性用接触角 θ 来衡量。当水在材料表面上的 $\theta<90°$ 时，材料为亲水性，且 θ 越小，亲水性越强；当 $\theta>90°$ 时，材料为疏水性，且 θ 越大疏水性越强。研究表明，45 钢、T8 钢、聚有机硅氧烷涂层、聚有机硅氧烷-T8 钢复合涂层的 θ 分别为 68°、70°、101°和 92°。可见，聚有机硅氧烷-T8 钢复合涂层具有疏水性。

液体在两相组成的复合表面上的接触角 θ 用 Cassie 方程描述为：

$$\cos\theta_c = f_a\cos\theta_a + f_b\cos\theta_b$$

式中，f_a 和 f_b 分别为材料 a 和 b 在表面上所占的面积分数；θ_a 和 θ_b 分别为液体在材料 a 和 b 表面上的接触角；θ_c 是液体在复合表面上的接触角。

上式说明，复合表面上接触角较大的相所占面积分数越大，其 θ_c 也越大。所以聚有机硅氧烷-T8 钢复合涂层在磨损过程中发生的聚有机硅氧烷摩擦转移，使得它在复合表面上所占面积分数增加，复合表面的疏水性进一步提高，水在其上的接触角 θ_c 达到 97°。如将这种复合涂层用作触土部件的表面，使用时与土壤摩擦过程中，这种摩擦转移也将发生，更有利于减黏降阻。可见，亲水材料中加入适当疏水材料可使其变成疏水性，这为那些耐磨性好的亲水材料改性成既耐磨又憎水的减黏降阻材料，提供了一种有效方法。

4. 复合涂层的减黏降阻性能

45 钢和聚有机硅氧烷-T8 钢复合涂层的两种推土板的推土阻力（表 6-2）表明，与 45 钢相比，聚有机硅氧烷-T8 钢复合涂层的推土阻力显著降低。土壤含水量和犁削速度均对推土阻力和降阻率有影响，当土壤含水量一定时，犁削速度增加，复合涂层降阻率增加；当土壤含水量较高时，犁削速度的这种影响更大；当犁削速度一定时，土壤含水量越高，降阻率越大；当犁削速度较大时，土壤含水量的这种影响也越大。即犁削速度和土壤含水量对降阻率的影响是相互制约的，两者越高，复合涂层的降阻效果越显著。

表 6-2　推土板的推土阻力和降阻率（土壤为黄黏土）

材料	45 钢				聚有机硅氧烷-T8 钢复合涂层			
土壤含水量(%)	29.4	29.4	33.0	33.0	29.4	29.4	33.0	33.0
犁削速度/(m/s)	0.02	0.04	0.02	0.04	0.02	0.04	0.02	0.04
推土阻力/N	828	890	1040	1145	702	747	851	890
降阻率(%)	—	—	—	—	15.22	16.07	18.17	22.27

聚有机硅氧烷-T8 钢复合涂层之所以具有较好的降阻性能，其重要原因之一就是该复合涂层与 45 钢相比具有很强的减黏性能，图 6-20 给出了推土板表面黏土的典型状态。在试验条件下，推土试验倒车时，45 钢推土板表面上的土垡不能自行脱落，如图 6-20a、b 所示，而复合涂层推土板倒车时，土垡均能自行脱落，如图 6-20c、d 所示，且板面上只残留少量土壤。与 45 钢相比，仿生复合涂层具有明显的减黏降阻作用，土壤含水量和削切速度越高，降阻率越大，试验条件下最大降阻率达 22.27%。

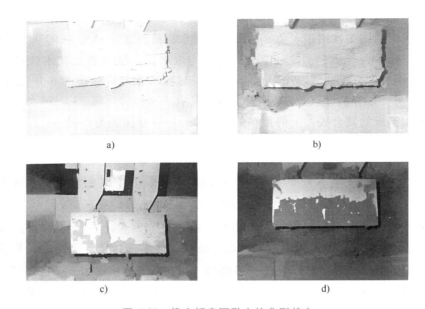

图 6-20　推土板表面黏土的典型状态

a）土壤含水量 29.40%，45 钢　b）土壤含水量 33.0%，45 钢

c）土壤含水量 29.40%，聚有机硅氧烷-T8 钢复合涂层　d）土壤含水量 33.0%，聚有机硅氧烷-T8 钢复合涂层

6.6　仿生材料表面性能测试实验

从某些生物体那里可以学习到：特殊表面微观结构（包括微米结构和纳米结构）可以产生特殊的表面性能。自然界赋予人类灵感，可以通过模拟生物体的这种结构效应制备性能优异的材料。具有特殊浸润性的界面材料因其理论研究价值及广阔的应用前景而引起了人们的广泛关注。模仿生物体在自然中的结构及功能，是在生物学和技术之间架起了一座桥梁，并且对解决技术难题提供了有力帮助。将认识自然、模拟自然、超越自然有机结合，将结构及功能的协同互补有机结合，为人们创造新的材料提供了新思路、新理论和新方法。下面以智能纳米界面材料为例简述仿生材料表面性能的相关测试实验。

特殊浸润性包括超疏水性、超亲水性、超疏油性、超亲油性，将这四个浸润特性进行多元组合，可以实现材料的智能化。例如，将超疏水性与超疏油性进行组合，可以得到超双疏材料；将超亲水性与超亲油性进行组合，可以得到超双亲材料；将超疏水性与超亲水性，或超疏油性与超亲油性进行组合，能够实现智能开关材料；而将超疏水性与超亲油性，或超疏油性与超亲水性进行组合，则能够成功地得到油水分离材料。以上这些新型材料的开发和研制，在电催化、流变学等诸多领域都具有重要的理论价值及应用价值。在此，主要介绍响应性超疏水性-超亲水性可逆转变。

响应性材料使得人们能够通过外界刺激来改变其各种性质。从外界刺激的种类来说，可以分为物理刺激和化学刺激。前者包括光、电、磁、温度、压力等，后者则包括酸碱、络合成键/断键、光化学、电化学等。在各种性质之中，通过外界刺激来智能地控制表面浸润性也成为可能。这种响应性浸润性的基础是在外界刺激下，表面的活性分子在化学组成、化学构型，以及极性等性质上会发生可逆的变化，这种变化能够引起表面自由能的改变，因而带来浸润性的可逆变化。然而，这种变化通常是十分有限的，常常不能满足实际应用的需要。粗糙度可以增强固体表面的浸润性，因此，将响应性材料与合适的表面粗糙度结合，可以增强浸润性的响应性变化，从而实现超亲水与超疏水之间的浸润性智能可逆转变。

1. 热响应性表面

聚异丙基丙烯酰胺（PNIPAAm）是一种性能优异的热响应性聚合物，在其临界熔解温度（LCST）之上和之下表现出不同的性质。利用表面引发原子转移自由基聚合（SI-ATRP）的方法，在硅基底上接枝温度响应性高分子聚异丙基丙烯酰胺（PAIPAAm）薄膜，通过控制表面粗糙度可实现在很窄的温度范围内（10℃）超亲水和超疏水性质之间的可逆转变。这种界面性质的可逆开关现象，是通过表面化学修饰和表面粗糙度相结合，由热诱导所导致的。当温度变化时，PNIPAAm 表面的亲水性与疏水性转变的机理在于，在不同温度下 PNIPAAm 分子链的分子内氢键和分子间氢键的可逆的竞争过程。这也是 PNIPAAm 的其他性质（如可逆收缩与膨胀、溶解性等）的内在机理。在低临界溶解温度（LCST）（32℃）以下，PNIPAAm 分子链呈现伸展的构型，其上的—NH、—C═O 等亲水基团能与 H_2O 形成分子间氢键，从而有利于表面的亲水性。而在 LCST 之上，PNIPAAm 呈现收缩的构型，其上的—NH、—C═O 等基团能形成分子内氢键，而难以与水分子接触，因而有利于表面的疏水性将 PNIPAAm 接枝于平滑硅基底，并测量不同温度时表面的接触角，当温度为 25℃时，表面表现出比较亲水的性质，而当温度升至 40℃ 时，表面则表现出比较疏水的性质。这表明通过控制环境的温度，可以很方便地控制表面的浸润性，如图 6-21a 所示。基于这一原理，将 PNIPAAm 接枝于粗糙基底之后，响应性浸润性显著的增强作用，能够实现从超亲水（0°）到超疏水（149.3°）的温度响应性浸润性转换，如图 6-21b 所示，并且反复升温降温的实验表明，这种效应具有很好的可逆性。

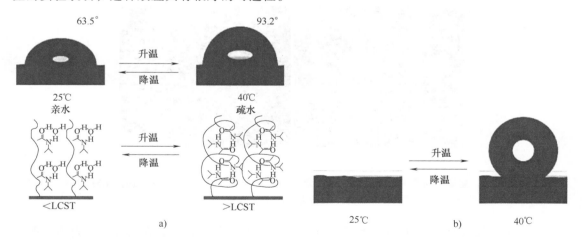

图 6-21　PNIPAAm 薄膜的温度响应性浸润性机理

除热敏性高分子外，硬发泡材料也具有热响应性的浸润性变化。例如，甲基三乙氧基硅烷在 390℃煅烧并冷却后，具有超疏水性；而在 400℃ 煅烧并冷却后，则具有超亲水性。这种在很窄的温度范围内实现的浸润性的变化，是由于表面结构及表面化学组成共同引起的。一方面，三乙氧基硅烷在有机溶剂和水的混合溶液中可以水解缩合形成体相的多孔结构；另一方面，温度升高引起表面有机基团的重新分布，导致部分亲水基团露出表面。

2. 光响应性表面

自发现经紫外线照射后可以产生超双亲性 TiO_2 表面以来，光响应性浸润性引起了人们的广泛兴趣。比较典型的光敏材料有以 TiO_2 及 ZnO 为代表的半导体氧化物光致异构的偶氮苯、螺吡喃及其衍生物等。

研究表明，经紫外线照射后，ZnO 表面的接触角由 109°变化到 5°，而 TiO_2 表面的接触角由 54°变化到 0°，实现了紫外线响应超疏水—超亲水可逆"开关"。例如，利用水热法制备阵列的氧化锌（ZnO）纳米棒（图 6-22），纳米棒垂直于基底排列，顶部呈现六角形片状结晶（001），射线粉末衍射结果显示出明显增强的（002）峰，与其他报道制备任意排列的ZnO 纳米晶膜相比，这种阵列的 ZnO 纳米棒具有最低的表面自由能，因此，所得到的 ZnO纳米棒薄膜具有超疏水特性，与水的接触角为 161.2°，当表面倾斜时液滴即可滚落。该阵列 ZnO 纳米棒薄膜在紫外线的照射下，其表面的浸润性由超疏水向超亲水转变，与水的接触角达到了 0°。将其在暗处放置一段时间后，又恢复到超疏水的状态。这样，通过光照与在暗处放置这两个过程的交替，实现了材料在超疏水与超亲水之间的可逆转变。

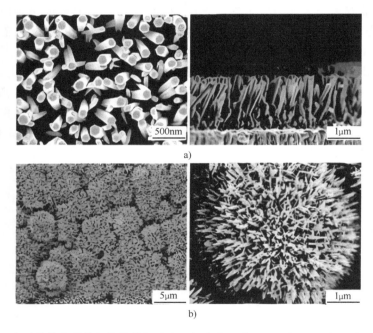

图 6-22　光诱导的半导体氧化物的超疏水—超亲水可逆"开关"材料表面的 SEM 照片

a）ZnO 薄膜　b）TiO_2 薄膜

偶氮苯基团含有顺式（Cis）和反式（Trans）两种几何异构体，在紫外线照射下，偶氮苯基团可从稳定的反式结构转变为较不稳定的顺式结构。停止照射后，发生逆向反应，顺式结构又可转变为反式结构，可见光（$\lambda > 400nm$）的照射会加速逆向反应的进行。将含有偶氮苯基团的聚合物引入到了粗糙表面，可以实现光照射前后从超疏水性到亲水性的转变，接触角变化幅度高达 66°。在固体表面上修饰含有光响应性分子偶氮苯的杯［4］间苯二酚（CRA-CM）单层，可以驱动液体在表面运动（图 6-23）。另外一种光响应性材料螺吡喃，在可见光照射下，呈封闭的疏水状态，而在紫外线照射下，它转变为极性的亲水状态，使接触角变小。在粗糙 Si 表面上修饰螺吡喃的单层膜，可实现从超疏水到亲水性的转变。

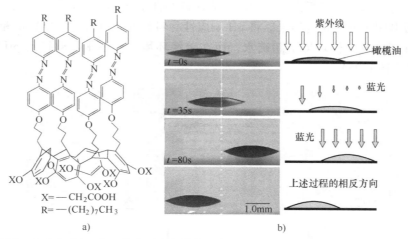

图 6-23 光响应 CRA-CM 的分子式和橄榄油在 CRA-CM 修饰的硅片表面的运动情况

a) CRA-CM 分子式 b) 运动情况

3. 电场诱导的浸润性转变

利用带有亲水端基的长链烷烃在电场作用下的构型变化，能实现电场诱导的浸润性转变。端基基团在电场作用下能发生翻转，使得亲水的离子头能翻转到下面，不利于与水接触，而疏水的烷基链则翻到上面，从而实现亲水性与疏水性的变化。采用具有球状端基的 16-巯基十六酸（MHA）的衍生物为前驱物，可制得端基排列紧密而疏水链相对松的自组装单层膜，最后使端基断开便形成了低密度的 MHA 自组装单层膜（图 6-24）。研究表明，低密度的 MHA 自组装单层膜才能实现电场诱导下浸润性的可逆转变，这是由于 MHA 分子之间需要一定的空间位阻使其构型发生翻转。另外，在纳米结构表面，利用电场控制液滴从超疏水到完全浸润的过程，22V 的低电压即可实现该转变。此外，通过对超疏水薄膜上的水滴施加垂直电场可使其发生跳跃。

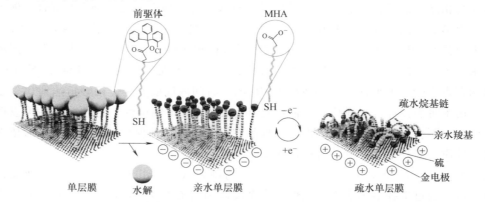

图 6-24 带亲水端基的长链烷烃在电场作用下的构型变化

4. pH/溶剂响应性表面

pH 响应性材料通常是体积能随环境的 pH 和离子强度变化而变化的高分子凝胶。近年来，pH 响应的浸润性变化也引起了人们的关注。将极性有机官能团（如羧基、氨基等）修饰于平滑低密度聚乙烯膜表面，这些含有酸性基团或碱性基团表面的接触角随 pH 的变化而变化。另外，将羧基修饰于平滑金表面后，表面浸润性也随 pH 的变化而变化，这种变化是由于表面羧酸基团去质子化的结果。将 pH 响应性材料修饰于具有分形结构的粗糙表面，可以实现在酸性环境及中性环境下超疏水，而在碱性环境下超亲水，即得到 pH 响应性智能"开关"材料（图 6-25）。

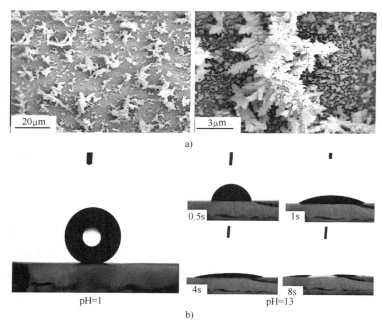

图 6-25　pH 响应的超疏水/超亲水可逆开关

a）粗糙金表面的 SEM 图　b）不同 pH 值液滴的形貌图

首先，利用在树枝状分子修饰的金基底上进行电沉积的方法，构建了一种具有微米材料与纳米材料相结合的粗糙金表面，然后再通过浸泡含有两种不同硫醇分子的混合溶液，在粗糙金表面上形成了同时含有烷基和羧酸基团的混合自组装单分子层。由于羧酸基团的存在，使得该表面具有 pH 响应性，而粗糙结构放大了这种响应性，从而实现了表面在不同环境下从超疏水到超亲水的转变。当 pH = 1 时，表面具有超疏水性，接触角为 154°；而当 pH = 13 时，水滴在表面会逐渐地铺展，并在小于 10s 的短时间内铺展完全，接触角达到 0°，呈现超亲水性。用水将表面冲洗干净后，表面依然具有良好的 pH 响应性，这种响应性可以循环重复多次而表面不会发生任何变化，而且，样品在没有任何特殊保护时放置多个月后依然具有这种可逆性质，表现出了良好的机械性质及化学稳定性。

用"嫁接法（Grafting From）"可组装聚合物刷状（Brushlike）混合层，这种聚合物刷状混合层可以通过选择溶剂实现浸润性从完全浸润到超疏水性的可逆转变。在此基础上，利用高分子材料可制备具有二级结构的自适应表面（Self-adaptive Surfaces，SAS），第一级结构是利用等离子体刻蚀得到的由微米级针状结构构成的粗糙聚合物薄膜，如图 6-26a、b 所示，第二级是在针状结构表面利用共价键接枝由疏水和亲水聚合物混合的纳米结构自组装二元刷,刷的结构由聚合物横向与纵向的相分离决定,在不同的选择性溶剂中,与之浸润性相匹配的聚合物会优先占据表面的顶部,如图6-26c、e所示,在非选择性溶剂中,两种聚合物会同时存在于顶部,如图6-26d所示。因此,将这种表面暴露在不同的选择性溶剂中,可以对表面浸润性从超疏水性到亲水性进行可逆调控。当暴露在甲苯中时,该表面与水的接触角是160°,水滴在表面很容易滚动,表现出了较小的接触角滞后现象;将其浸泡在pH=3的酸中数分钟并干燥后,水滴会由于毛细作用而迅速铺展。

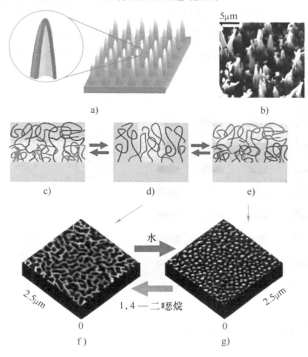

图 6-26 具有二级结构的自适应表面示意图

a)针状 PTFE 表面(一级结构) b)等离子体刻蚀 600s 后 PTFE 膜的 SEM 图

c)~e)二级结构 f)、g)自适应表面

以上介绍了几种典型的刺激(热、光、电、pH 及溶剂)响应性的浸润性变化。除此之外,磁场、应力及电化学反应的表面浸润性变化也有研究报道,例如,应力作用能使表面浸润性发生变化,通过对三角形网结构的聚酰胺弹性膜的双轴方向拉伸和恢复,实现了从超疏水到超亲水的可逆转变,如图6-27所示。

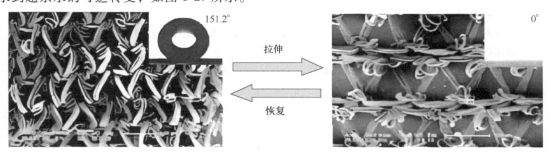

图 6-27 拉伸前后聚酰胺实现从超疏水到超亲水的可逆转变

通过控制电化学氧化还原，改变聚吡咯（PPy）多孔膜的氧化态和中性态，能实现其超疏水与超亲水的可逆转化的开关效应。可以看到，通过将响应性分子修饰于粗糙表面之上，可以成功地实现从超疏水到超亲水的可逆转换。但是现在的响应性表面只能对于单一的外场刺激做出响应，在很多领域单响应浸润性材料的应用性受到了限制，例如，某一种药物需要在温度和 pH 异常于其他身体部位的地方进行释放，这种药物的浸润性就必须对温度和 pH 做出精确的响应，才有可能完成"任务"。因此，双响应乃至多响应浸润性智能材料的研制有着很重要的意义。最近，有研究将温度响应分子聚异丙基丙烯酰胺（PNIPAAm）和 pH 响应性分子聚丙烯酸（PAAc）的单体进行聚合，得到双响应性的共聚物，将这种聚合物接枝到粗糙硅表面，可以得到温度与 pH 双响应性的超疏水/超亲水智能"开关"材料，如图 6-28 所示。

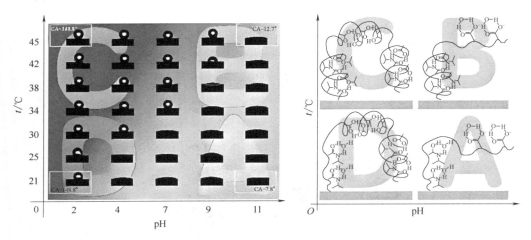

图 6-28　双响应智能材料表面的接触角随着温度和 pH 值的变化情况及可能的机理解释

思 考 题

1. 简述纤维取向对仿蜂巢结构材料能量吸收的影响原理。
2. 简述超双疏表面的接触角特征及应用。
3. 简述决定固体表面浸润性的因素及超疏水性表面的制备方法与重点。
4. 简述仿生陶瓷的概念。
5. 简述以木材为模板制备的仿生材料的优点。
6. 木材陶瓷用作耐磨材料时的主要原理是什么？
7. 常见的智能驱动材料有哪些？实现智能功能的基本原理是什么？
8. 简述形状记忆效应、单程形状记忆、双程形状记忆、全程形状记忆。
9. 简述仿生摩擦学的概念及系统构成。
10. 简述仿生材料表面响应性浸润性的基础。

参 考 文 献

［1］ 崔福斋，郑传林. 仿生材料［M］. 北京：化学工业出版社，2004.

［2］ 张联盟，程晓敏，陈文. 材料学［M］. 北京：高等教育出版社，2005.

［3］ 杜双明，王晓刚. 材料科学与工程概论［M］. 西安：西安电子科技大学出版社，2011.

［4］ 潘金生，田民波，仝健民. 材料科学基础［M］. 北京：清华大学出版社，2011.

［5］ 周达飞. 材料概论［M］. 北京：化学工业出版社，2001.

［6］ 胡赓祥，蔡珣，戎咏华. 材料科学基础［M］. 3版. 上海：上海交通大学出版社，2010.

［7］ 王高潮. 材料科学与工程导论［M］. 北京：机械工业出版社，2006.

［8］ 石德珂. 材料科学基础［M］. 北京：机械工业出版社，2003.

［9］ 许并社. 材料概论［M］. 北京：机械工业出版社，2011.

［10］ 李霄，王世清. 材料专业概论［M］. 北京：中国石化出版社，2017.

［11］ 田民波. 材料概论［M］. 北京：清华大学出版社，2015.

［12］ 周曦亚. 复合材料［M］. 北京：化学工业出版社，2005.

［13］ 魏化震，里恒春，张玉龙. 复合材料技术［M］. 北京：化学工业出版社，2017.

［14］ 张以河. 复合材料学［M］. 北京：化学工业出版社，2011.

［15］ 朱和国，王天驰，贾阳，等. 复合材料原理［M］. 北京：电子工业出版社，2018.

［16］ 杨静宁，马连生. 复合材料力学［M］. 北京：国防工业出版社，2014.

［17］ 张少实，庄苗. 复合材料与粘弹性力学［M］. 北京：机械工业出版社，2011.

［18］ 徐晓虹，吴建锋，王国梅，等. 材料概论［M］. 北京：高等教育出版社，2006.

［19］ 刘芸. 典型脉膜刚柔耦合结构昆虫翅膀的形态特征及力学性能［D］. 长春：吉林大学，2016.

［20］ 刘静静. 典型植物叶片刚柔耦合力学特性及其仿生研究［D］. 长春：吉林大学，2018.

［21］ BARTHELAT F, TANG H, ZAVATTIERI P D, et al. On the mechanics of mother-of-pearl：a key feature in the material hierarchical structure［J］. Journal of the Mechanics and Physics of Solids, 2007, 55（2）：306-337.

［22］ SUN J, BHUSHAN B. Hierarchical structure and mechanical properties of nacre：a review［J］. Rsc Advances, 2012, 2（20）：7617-7632.

［23］ GUARÍN-ZAPATA N, GOMEZ J, YARAGHI N, et al. Shear wave filtering in naturally-occurring Bouligand structures［J］. Acta biomaterialia, 2015, 23：11-20.

［24］ ZIMMERMANN E A, GLUDOVATZ B, SCHAIBLE E, et al. Mechanical adaptability of the Bouligand-type structure in natural dermal armour［J］. Nature Communications, 2013, 4（1）：2634.

［25］ URAL A, VASHISHTH D. Hierarchical perspective of bone toughness - from molecules to fracture［J］. International Materials Reviews, 2014, 59（5）：245-263.

［26］ FRATZL P, GUPTA H S, PASCHALIS E P, et al. Structure and mechanical quality of the collagen – mineral nano-composite in bone［J］. Journal of Materials Chemistry, 2004, 14（14）：2115-2123.

［27］ WEINER S, WAGNER H D. The material bone：Structure-mechanical function relations［J］. Annual Review of Materials Science, 2003, 28（1）：271-298.

［28］ LAUNEY M E, BUEHLER M J, RITCHIE R O. On the mechanistic origins of toughness in bone［J］. Annual Review of Materials Research, 2010, 40（1）：25-53.

［29］ JAWAID M, TAHIR P M, SABA N. Lignocellulosic fibre and biomass-based composite materials：processing, properties and applications［M］. Cambridge：Woodhead Publishing, 2017.

［30］ YIN H, XIAO Y, WEN G, et al. Crushing analysis and multi-objective optimization design for bionic thin-walled structure ［J］. Mater Des, 2015, 87: 825-834.

［31］ HE J H, WANG Q L, SUN J. Can polar bear hairs absorb environmental energy? ［J］. Therm Sci, 2011, 15: 911-913.

［32］ SEKI Y, BODDE S G, MEYERS M A. Toucan and hornbill beaks: a comparative study ［J］. Acta Biomaterialia, 2010, 6 (2): 331-343.

［33］ CHEN P Y, MCKITTRICK J, MEYERS M A. Biological materials: functional adaptations and bioinspired designs ［J］. Progress in Materials Science, 2012, 57 (8): 1492-1704.

［34］ SONG J, REICHERT S, KALLAI I, et al. Quantitative microstructural studies of the armor of the marine threespine stickleback ［J］. Journal of Structural Biology, 2010, 171 (3): 318-331.

［35］ PORTER M M, NOVITSKAYA E, CASTRO-CESEÑA A B, et al. Highly deformable bones: unusual deformation mechanisms of seahorse armor ［J］. Acta Biomaterialia, 2013, 9 (6): 6763-6770.

［36］ CORNFIELD J. Sharking guadalupe ［J］. Scientific American, 2008, 18 (5): 58-63.

［37］ CONNORS M J, EHRLICH H, HOG M, et al. Three-dimensional structure of the shell plate assembly of the chiton Tonicella marmorea and its biomechanical consequences ［J］. Journal of Structural Biology, 2012, 177 (2): 314-328.

［38］ BRULÉ V, RAFSANJANI A, ASGARI M, et al. Three-dimensional functional gradients direct stem curling in the resurrection plant Selaginella lepidophylla ［J］. Journal of the Royal Society Interface, 2019, 16 (159): 20190454.

［39］ SEALE M, KISS A, BOVIO S, et al. Dandelion pappus morphing is actuated by radially patterned material swelling ［J］. Nature Communications, 2022, 13 (1): 2498.

［40］ HARRINGTON M J, RAZGHANDI K, DITSCH F, et al. Origami-like unfolding of hydro-actuated ice plant seed capsules ［J］. Nature Communications, 2011, 2 (1): 337.

［41］ MILES R N, SU Q, CUI W, et al. A low-noise differential microphone inspired by the ears of the parasitoid fly Ormia ochracea ［J］. The Journal of the Acoustical Society of America, 2009, 125 (4): 2013-2026.

［42］ ROBERT D, READ M P, HOY R R. The tympanal hearing organ of the parasitoid fly Ormia ochracea (Diptera, Tachinidae, Ormiini) ［J］. Cell and Tissue Research, 1994, 275: 63-78.

［43］ MILES R N, SU Q, CUI W, et al. A low-noise differential microphone inspiredby the ears of the parasitoid fly Ormia ochracea ［J］. Journal of the Acoustical Society of Americal, 2009, 125 (4): 2013-2026.

［44］ HOSSL B, BOHM H J, SCHABER C F, et al. Finite element modeling of arachnid slit sensilla: II. Actual lyriform organs and the face deformations of the individual slits ［J］. Joumal of Comprative Physiology A, 2009, 195 (9): 881-894.

［45］ HOSSL B, BOHM H J, RAMMERSTORFER F G, et al. Finite element modeling of arachnid slit sensilla-I. The mechanical significance of different slitd arrays ［J］. Journal of Comparative Physiology A, 2007, 193 (4): 445-459.

［46］ BROWNELL P H, VAN HEMMEN J L. Vibration sensitivity and a computational theory for prey-localizing behavior in sand scorpions ［J］. American Zoologist, 2001, 41 (5): 1229-1240.

［47］ LIAN Z, XU J, WANG Z, et al. Biomimetic superlyophobic metallic surfaces: Focusing on their fabrication and applications ［J］. Journal of Bionic Engineering, 2020, 17: 1-33.

［48］ BARTHLOTT W, SCHIMMEL T, WIERSCH S, et al. The Salvinia paradox: superhydrophobic surfaces with hydrophilic pins for air retention under water ［J］. Advanced Materials, 2010, 22 (21):

2325-2328.

[49] ZHENG Y, GAO X, JIANG L. Directional adhesion of superhydrophobic butterfly wings [J]. Soft Matter, 2007, 3 (2): 178-182.

[50] ZHENG Y, BAI H, HUANG Z, et al. Directional water collection on wetted spider silk [J]. Nature, 2010, 463 (7281): 640-643.

[51] CHEN Y, ZHENG Y. Bioinspired micro-/nanostructure fibers with a water collecting property [J]. Nanoscale, 2014, 6 (14): 7703-7714.

[52] CHEN H, ZHANG P, ZHANG L, et al. Continuous directional water transport on the peristome surface of Nepenthes alata [J]. Nature, 2016, 532 (7597): 85-89.

[53] JU J, BAI H, ZHENG Y, et al. A multi-structural and multi-functional integrated fog collection system in cactus [J]. Nature Communication, 2012, 3 (1): 1247.

[54] WILTS B D, MATSUSHITA A, ARIKAWA K, et al. Spectrally tuned structural and pigmentary coloration of birdwing butterfly wing scales [J]. Journal of The Royal Society Interface, 2015, 12 (111): 20150717.

[55] PARKER A R, WELCH V L, DRIVER D, et al. Opal analogue discovered in a weevil [J]. Nature, 2003, 426 (6968): 786-787.

[56] DOMEL A G, SAADAT M, WEAVER J C, et al. Shark skin-inspired designs that improve aerodynamic performance [J]. Journal of the Royal Society Interface, 2018, 15 (139): 20170828.

[57] 丛茜, 王连成, 任露泉, 等. 波纹非光滑仿生推土板减粘降阻的试验研究 [J]. 建筑机械, 1996 (3): 28-30, 36.

[58] 赵军. 凹坑形仿生非光滑表面的减阻性能研究 [D]. 大连: 大连理工大学, 2008.

[59] WALSH MICHAEL J. Riblets as a Viscous Drag Reduction Technique [J]. AIAA Journal, 1983, 21 (4): 485-486.

[60] 张斌杰. 仿生高强韧玄武岩纤维增强复合材料的制备及其性能研究 [D]. 长春: 吉林大学, 2022.

[61] 李博. 基于蝶翅液控功能的仿生材料设计制备及性能研究 [D]. 长春: 吉林大学, 2020.

[62] 贾贤. 天然生物材料及其仿生工程材料 [M]. 北京: 化学工业出版社, 2007.

[63] 陈英杰, 姚素玲. 智能材料 [M]. 北京: 机械工业出版社, 2013.

[64] 杨增辉, 张耀明, 张新瑞, 等. 高温形状记忆聚合物研究进展 [J]. 功能高分子学报, 2022, 35: 314-327.